TIGER-TRAINER 4

Autoren:

Matthias Heidenreich,
Martina Kinkel-Craciunescu,
Thomas Laubis und Eva Schnitzer

Bestell-Nr. 4505-66 · ISBN 978-3-619-45566-9

www.mildenberger-verlag.de · E-Mail: info@mildenberger-verla

W0400134

Auflage	6	5	4	3
Jahr	2019	2018	2017	2016

Bezugsmöglichkeiten
Alle Titel des Mildenberger Verlags erhalten Sie unter: www.mildenberger-verlag.de oder im Buchhandel. Jede Buchhandlung kann alle Titel direkt über den Mildenberger Verlag beziehen. Ausnahmen kann es bei Titeln mit Lösungen geben: Hinweise hierzu finden Sie in unserem aktuellen Gesamtprogramm.

Layout und Illustrationen: Judith Heusch, 79362 Forchheim

S. 97: © AKG, Berlin © Dr. Ing. Horst Zuse, Berlin
© Deutsches Museum, München

Druck: Kern GmbH, 66450 Bexbach
Gedruckt auf umweltfreundlichen Papieren

Mildenberger Verlag

①
231 + 7 = ____
231 + 17 = ____
231 + 37 = ____
231 + 67 = ____
231 + 97 = ____

②
649 − 6 = ____
649 − 16 = ____
649 − 36 = ____
649 − 56 = ____
649 − 86 = ____

③
368 + 5 = ____
368 + 15 = ____
368 + 35 = ____
368 + 55 = ____
368 + 75 = ____

④
723 − 4 = ____
723 − 14 = ____
723 − 34 = ____
723 − 44 = ____
723 − 64 = ____

⑤
35 + ____ = 100
235 + ____ = 300
535 + ____ = 700
735 + ____ = 800
835 + ____ = 1 000

⑥
100 − ____ = 43
400 − ____ = 243
600 − ____ = 443
700 − ____ = 443
900 − ____ = 743

⑦
5 · 7 = ____
6 · 9 = ____
8 · 4 = ____
7 · 7 = ____
3 · 9 = ____

⑧
____ · 6 = 42
____ · 8 = 64
____ · 3 = 18
____ · 7 = 56
____ · 9 = 63

⑨
9 · ____ = 36
7 · ____ = 28
6 · ____ = 48
4 · ____ = 20
5 · ____ = 45

⑩
____ = 3 · 8
____ = 9 · 2
____ = 6 · 4
____ = 8 · 9
____ = 6 · 6

⑪
6 · 80 = ____
8 · 50 = ____
3 · 90 = ____
7 · 30 = ____
9 · 90 = ____

① 384 + ____ = 400
657 + ____ = 700
216 + ____ = 300
465 + ____ = 500
132 + ____ = 200

② ____ + 272 = 300
____ + 789 = 800
____ + 528 = 600
____ + 841 = 900
____ + 19 = 100

③ 291 + ____ = 600
158 + ____ = 300
463 + ____ = 700
730 + ____ = 900
575 + ____ = 800

④ ____ + 341 = 800
____ + 634 = 900
____ + 502 = 700
____ + 829 = 1 000
____ + 86 = 400

⑤ 500 – ____ = 413
900 – ____ = 842
600 – ____ = 574
800 – ____ = 739
700 – ____ = 658

⑥ ____ – 68 = 332
____ – 87 = 513
____ – 53 = 747
____ – 94 = 306
____ – 71 = 929

⑦ 900 – ____ = 758
700 – ____ = 592
400 – ____ = 107
800 – ____ = 335
500 – ____ = 284

⑧ ____ – 309 = 191
____ – 471 = 329
____ – 236 = 564
____ – 817 = 183
____ – 192 = 408

⑨
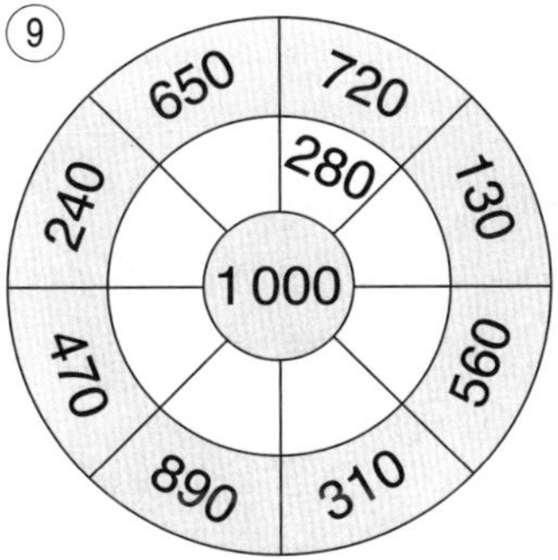

⑩
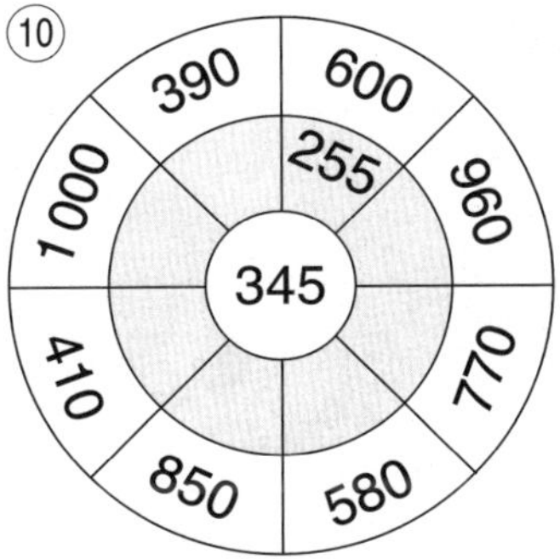

⑪
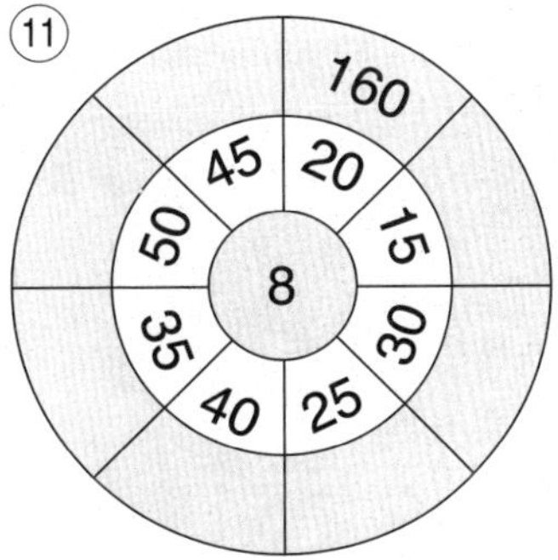

⑫
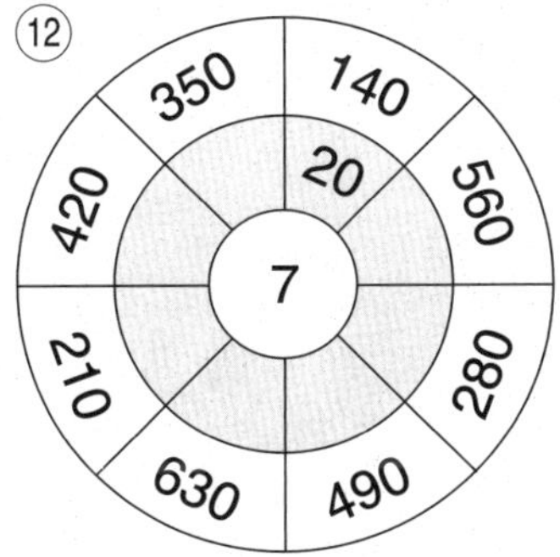

①

·	4	40	7	70
3				
30				
6				
60				
8				
80				

②

:	4	40	3	30
24		X		X
240				
48		X		X
480				
60		X		
600				

③

	2	6	4
	2	9	1
+	1	2	1

④

	2	0	3
	6	5	6
+		7	7

⑤

		2	5
	1	1	8
+	3	6	5

⑥

	6	2	9
−	3	7	4

⑦

	8	1	3
−	5	6	9

⑧

	9	0	0
−	4	8	1

⑨

	− 33		· 10		− 165		· 5		+ 20		: 3	
	→		→		→		→		→		→	15
	←		←		←		←		←		←	

①
56 : 7 = ___
32 : 4 = ___
27 : 3 = ___
45 : 9 = ___
18 : 3 = ___

②
48 : 8 = ___
54 : 6 = ___
24 : 4 = ___
35 : 5 = ___
81 : 9 = ___

③
42 : 6 = ___
63 : 9 = ___
16 : 4 = ___
24 : 3 = ___
64 : 8 = ___

④
24 : ___ = 3
42 : ___ = 6
36 : ___ = 4
40 : ___ = 5
15 : ___ = 3

⑤
___ : 7 = 7
___ : 5 = 6
___ : 8 = 9
___ : 4 = 7
___ : 6 = 8

⑥
44 : 5 = ___ R ___ K: ___ · 5 = ___ ___ + ___ = ___
26 : 4 = ______ K: ______________
57 : 7 = ______ K: ______________
69 : 9 = ______ K: ______________
39 : 8 = ______ K: ______________

⑦
53 : 6 = ___ R ___
48 : 5 = ______
55 : 8 = ______
38 : 4 = ______
27 : 7 = ______

⑧

·	2	12	4	14	6	16
3						
6						
9						

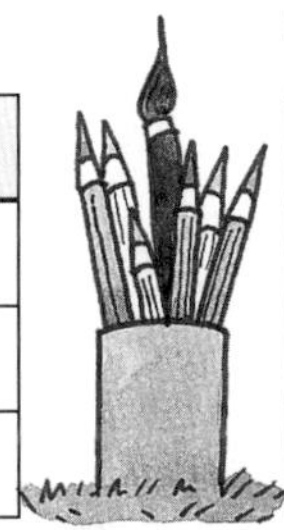

⑨

·	3	30	5	50	7	70
2						
4						
8						

① 32 : 4 = ____
320 : 4 = ____
320 : 40 = ____

② 49 : 7 = ____
490 : 70 = ____
490 : 7 = ____

③ 56 : 8 = ____
560 : 8 = ____
560 : 80 = ____

④ 54 : 9 = ____
540 : 90 = ____
540 : 9 = ____

⑤ 573 + 7 = ____
573 + 70 = ____
573 + 700 = ____

⑥ 829 – 6 = ____
829 – 60 = ____
829 – 600 = ____

⑦ 532 + 9 = ____
532 + 90 = ____
532 + 900 = ____

⑧ 708 – 7 = ____
708 – 70 = ____
708 – 700 = ____

⑨ 8 · 6 = ____
8 · 60 = ____
80 · 60 = ____

⑩ 3 · 7 = ____
3 · 70 = ____
30 · 70 = ____

⑪ 5 · 9 = ____
50 · 9 = ____
5 · 900 = ____

⑫ 4 · 2 = ____
40 · 2 = ____
4 · 200 = ____

⑬
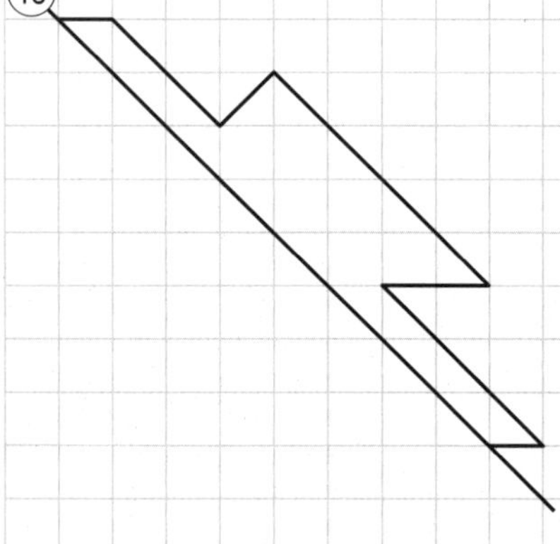

⑭
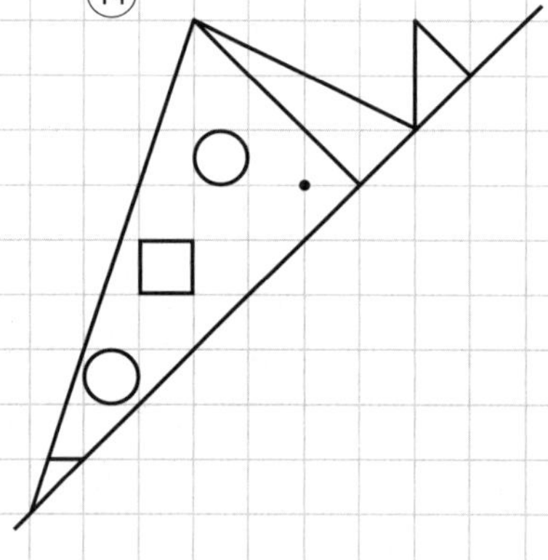

⑮
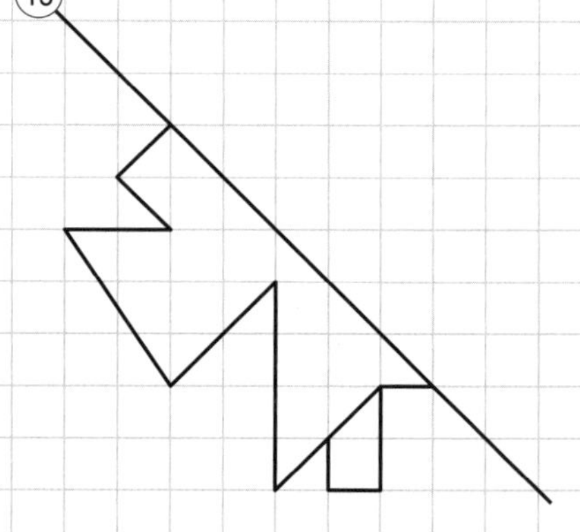

① 140 + 90 = ____
270 + 60 = ____
350 + 80 = ____
490 + 40 = ____
560 + 70 = ____

② 140 – 90 = ____
270 – 60 = ____
350 – 80 = ____
490 – 30 = ____
560 – 70 = ____

③ 384 + 70 = ____
463 + 80 = ____
627 + 90 = ____
251 + 60 = ____
736 + 50 = ____

④ 384 – 70 = ____
463 – 80 = ____
627 – 90 = ____
251 – 60 = ____
736 – 50 = ____

⑤ 256 + ____ = 310
573 + ____ = 640
168 + ____ = 250
847 + ____ = 930
432 + ____ = 520

⑥ 256 – ____ = 180
573 – ____ = 490
168 – ____ = 70
847 – ____ = 760
432 – ____ = 370

⑦ 56 : 8 = ____
560 : 8 = ____
560 : 80 = ____
576 : 8 = ____
544 : 8 = ____

⑧ 48 : 6 = ____
480 : 60 = ____
480 : 6 = ____
498 : 6 = ____
462 : 6 = ____

⑨

·	7	10	17	70	77
5					
8					
6					
4					

① Kontrolliere mit dem Überschlag. Kann das Ergebnis nicht stimmen, dann rechne schriftlich nach. Streiche falsche Ergebnisse durch.

	Überschlag
379 + 513 = 792	400 + 500 = ______
728 – 488 = 240	______
326 + 454 = 780	______
829 – 669 = 260	______
791 + 129 = 820	______
946 – 727 = 219	______

② Kontrolliere mit der Tauschaufgabe. Streiche falsche Ergebnisse durch.

16 · 9 = 154	9 · 16 = ______
20 · 8 = 160	______
17 · 5 = 75	______
307 + 463 = 760	______
89 + 735 = 814	______
194 + 500 = 694	______

③

	3	□	2
	□	8	5
+	1	6	7
	7	9	□

④

	5	0	□
	2	□	4
+		7	8
	□	0	1

⑤

	□	8	7
	1	9	□
+	2	6	9
	9	□	2

⑥

	7	6	□
–	3	□	2
	□	5	2

⑦

	□	7	3
–	5	6	□
	3	□	4

⑧

	9	□	5
–	□	8	7
	2	2	□

Wandle um und addiere schriftlich.

① 2380 g + 5 kg 29 g

② 3,500 km + 2600 m + $\frac{1}{4}$ km

③ 2,500 l + 3089 ml + $\frac{3}{4}$ l

Setze ein: >, <, =.

④ 8 min 30 s ○ 500 s

96 h ○ 4 Tage

3 kg 807 g ○ 3807 g

2415 g ○ 2 kg 451 g

70 cm 6 mm ○ 0,76 m

9,080 km ○ 980 m

⑤ Wie viel Uhr ist es?

_______ Uhr _______ Uhr _______ Uhr

_______ Uhr _______ Uhr _______ Uhr

⑥ Zeichne die Zeiger ein und ergänze die Zeiten.

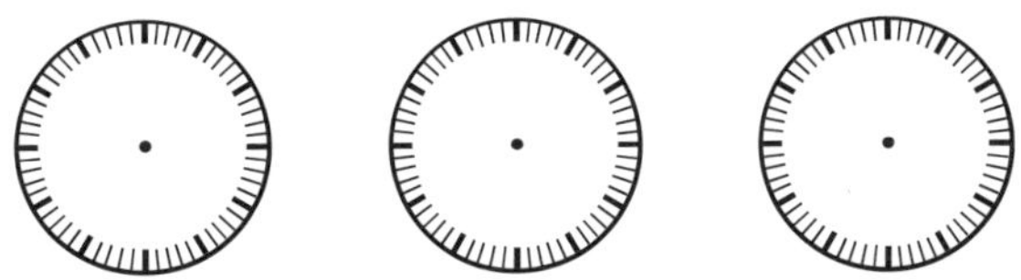

10.24 Uhr 2.53 Uhr _______ Uhr

_______ Uhr _______ Uhr 20.07 Uhr

(1)  4 h 30 min → 

(2)  2 h 25 min → 

(3) 12.30 Uhr —2 h 30 min→ ____ Uhr

(4) 23.26 Uhr —__ h __ min→ 2.19 Uhr

(5) ____ Uhr —4 h 25 min→ 11.38 Uhr

(6) 10.13 Uhr —__ h __ min→ 20.53 Uhr —3 h 8 min→ ____ Uhr —__ h __ min→ 8 Uhr

(7) ____ Uhr —4 h 55 min→ 4.50 Uhr —__ h __ min→ 8.10 Uhr —13 h 35 min→ ____ Uhr

(8)
82 + ____ = 100
382 + ____ = 500
482 + ____ = 700
682 + ____ = 900
782 + ____ = 900

(9)
100 – ____ = 29
300 – ____ = 129
600 – ____ = 329
800 – ____ = 529
1 000 – ____ = 829

Rechne schriftlich.

(10) 4,37 m – 228 cm

(11) 244 € 29 ct – 3 786 ct

① 3 · 8 = ____
7 · 6 = ____
5 · 4 = ____
2 · 9 = ____

② 6 · 50 = ____
4 · 80 = ____
9 · 30 = ____
5 · 70 = ____

③ 8 · 19 = ____
3 · 17 = ____
6 · 18 = ____
9 · 13 = ____

④ 450 : 9 = ____
240 : 6 = ____
480 : 8 = ____
630 : 7 = ____

⑤ 36 : 6 = ____ R ____ K: ______________________
57 : 9 = ________ K: ______________________
42 : 8 = ________ K: ______________________
29 : 7 = ________ K: ______________________

⑥ ____ + 380 = 590
____ + 430 = 810
____ – 170 = 320
____ – 240 = 480

Rechne schriftlich.

⑦ 7,15 € + 3,98 €

⑧ 3,094 km + 4,175 km

⑨ 6,42 m – 2,79 m

⑩ 8,500 l – 5,005 l

① Streiche falsche Netze durch. Kennzeichne bei den Körpernetzen die Seiten, die nach dem Zusammenfalten zusammenstoßen, in der gleichen Farbe.

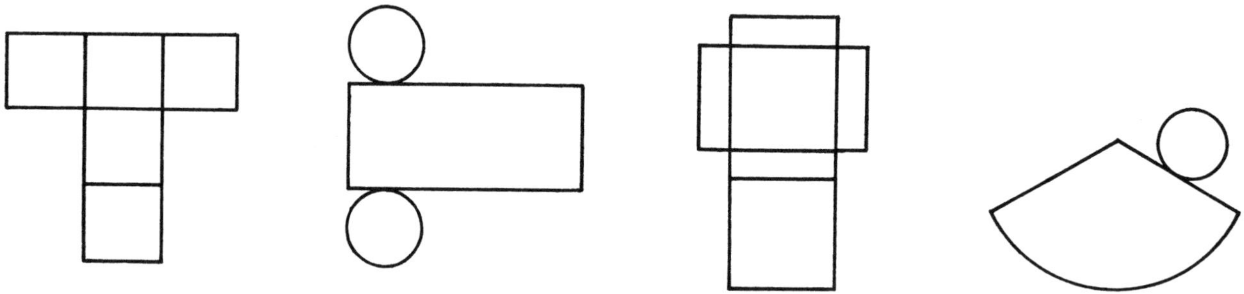

② 43□ + 5□5 = □36

③ 8□9 + 5□ = □05

④ □56 + 7□2 = 94□

⑤ □76 − 1□3 = 18□

⑥ 90□ − 3□5 = □17

⑦ 7□4 − □37 = 1□

⑧

·	9	6	10	16	30	40	70
8							
4							

⑨

·	50	60	80	13	15	17	19
3							
7							

Finde den Lösungssatz. Trage beim [Truhe] die Lösungszahl ein.

A	C	K	O	J	T	R	N	F	H	E	U	D	B	G	S
60	90	120	140	180	225	230	240	320	350	360	420	480	540	600	1 000

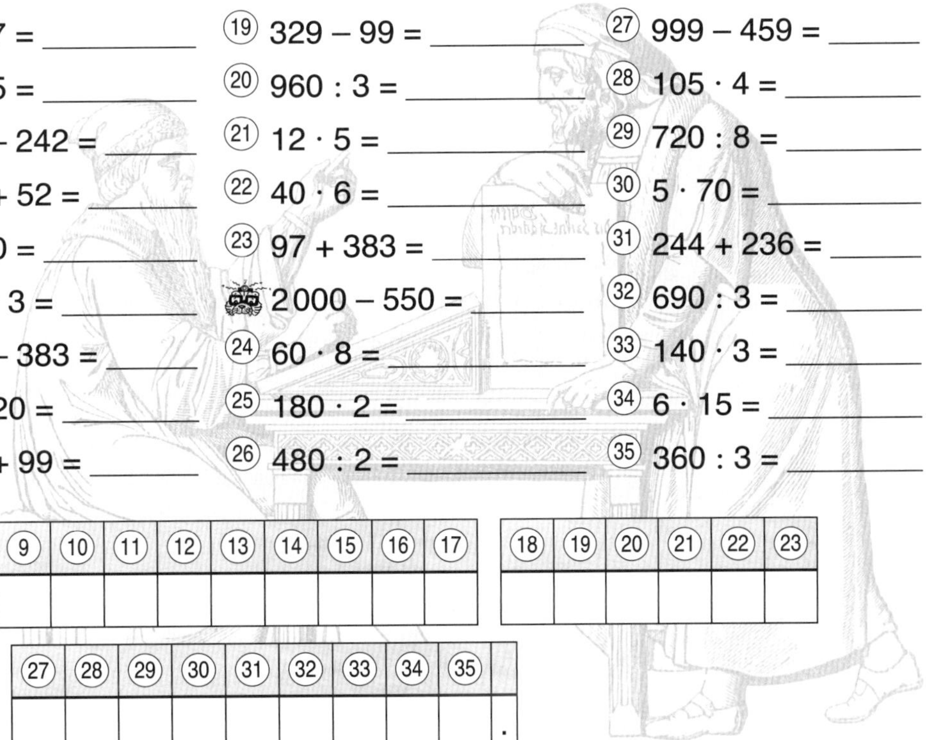

① $6 \cdot 30 =$ ______
② $280 : 2 =$ ______
③ $298 + 52 =$ ______
④ $15 \cdot 4 =$ ______
⑤ $326 - 86 =$ ______
⑥ $80 \cdot 3 =$ ______
⑦ $197 + 163 =$ ______
⑧ $250 \cdot 4 =$ ______
⑨ $15 \cdot 40 =$ ______

⑩ $60 \cdot 7 =$ ______
⑪ $45 \cdot 5 =$ ______
⑫ $602 - 242 =$ ______
⑬ $188 + 52 =$ ______
⑭ $6 \cdot 90 =$ ______
⑮ $120 \cdot 3 =$ ______
⑯ $613 - 383 =$ ______
⑰ $5 \cdot 120 =$ ______
⑱ $261 + 99 =$ ______

⑲ $329 - 99 =$ ______
⑳ $960 : 3 =$ ______
㉑ $12 \cdot 5 =$ ______
㉒ $40 \cdot 6 =$ ______
㉓ $97 + 383 =$ ______
[Truhe] $2000 - 550 =$ ______
㉔ $60 \cdot 8 =$ ______
㉕ $180 \cdot 2 =$ ______
㉖ $480 : 2 =$ ______

㉗ $999 - 459 =$ ______
㉘ $105 \cdot 4 =$ ______
㉙ $720 : 8 =$ ______
㉚ $5 \cdot 70 =$ ______
㉛ $244 + 236 =$ ______
㉜ $690 : 3 =$ ______
㉝ $140 \cdot 3 =$ ______
㉞ $6 \cdot 15 =$ ______
㉟ $360 : 3 =$ ______

①	②	③	④	⑤	⑥	⑦	⑧

⑨	⑩	⑪	⑫	⑬	⑭	⑮	⑯	⑰

⑱	⑲	⑳	㉑	㉒	㉓

im Jahre [Truhe]

㉔	㉕	㉖

㉗	㉘	㉙	㉚	㉛	㉜	㉝	㉞	㉟	
									.

Finde die Regel und setze fort.

①
$4 \cdot 7 + 1 =$ ____
$5 \cdot 7 + 2 =$ ____
$6 \cdot 7 + 3 =$ ____
______
______
______

②
$10 \cdot 8 - 9 =$ ____
$9 \cdot 8 - 8 =$ ____
$8 \cdot 8 - 7 =$ ____
______
______
______

③
$6 \cdot 2 + 15 =$ ____
$6 \cdot 4 + 13 =$ ____
$6 \cdot 6 + 11 =$ ____
______
______
______

④
$0 \cdot 4 + 3 =$ ____
$3 \cdot 4 + 6 =$ ____
$6 \cdot 4 + 9 =$ ____
______
______
______

⑤
$5 \cdot 2 - 10 =$ ____
$10 \cdot 2 - 15 =$ ____
$15 \cdot 2 - 20 =$ ____
______
______
______

⑥ Ich denke mir einen Körper.
Er hat zwei Kreise und ein Rechteck als Flächen.
Es ist

______.

⑦ Ich denke mir einen Körper.
Er hat sechs Flächen, die nicht alle gleich groß sind.
Es ist

______.

⑧ Ich denke mir einen Körper.
Zu ihm gibt es kein Netz.

Es ist

______.

⑨

$\cdot 6$ → $:9$ → $+690$ → -210 → $+60$ → $:7$ → $\cdot 3$

____ → ____ → ____ → ____ → ____ → ____ → ____ → 240

①
___ · 5 = 35
___ · 3 = 39
___ · 9 = 81
___ · 7 = 42
___ · 5 = 60

③
___ : 7 = 7
___ : 8 = 5
___ : 6 = 11
___ : 3 = 12
___ : 2 = 14

⑤
___ + 3 = 721
___ + 42 = 502
___ + 99 = 349
___ + 280 = 685
___ + 754 = 964

⑦
___ – 30 = 760
___ – 65 = 835
___ – 157 = 243
___ – 235 = 565
___ – 379 = 321

②
___ · 7 = 56
___ · 6 = 60
___ · 4 = 44
___ · 11 = 77
___ · 12 = 144

④
___ : 9 = 8
___ : 8 = 7
___ : 4 = 13
___ : 7 = 15
___ : 5 = 20

⑥
___ + 7 = 532
___ + 19 = 83
___ + 88 = 160
___ + 130 = 298
___ + 261 = 429

⑧
___ – 92 = 908
___ – 172 = 628
___ – 724 = 176
___ – 390 = 97
___ – 220 = 782

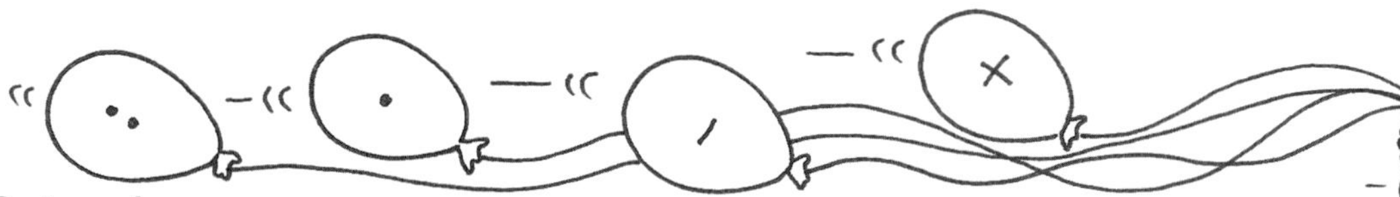

Setze ein: >, <, =.

⑨
5 · 9 ___ 15 · 4
7 · 11 ___ 13 · 5
48 : 8 ___ 49 : 7

⑩
60 : 5 ___ 3 · 4
12 · 12 ___ 300 : 5
162 : 2 ___ 9 · 8

⑪
600 : 5 ___ 30 · 4
120 · 12 ___ 300 : 50
1620 : 2 ___ 90 · 8

Welche Zahlen sind dargestellt?

① 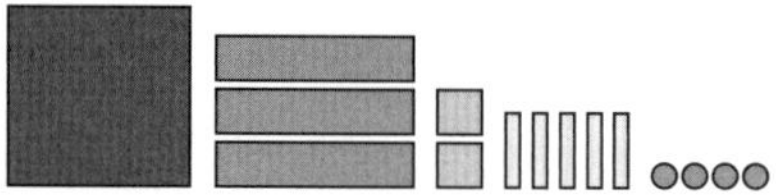 = ____________

③ 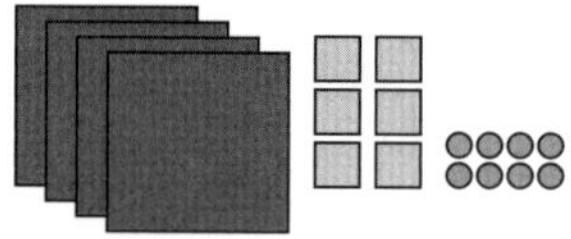 = ____________

② 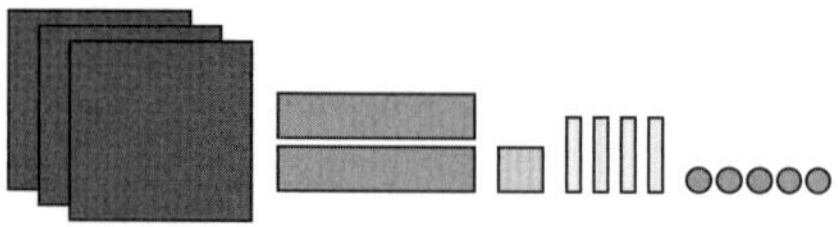 = ____________

④ 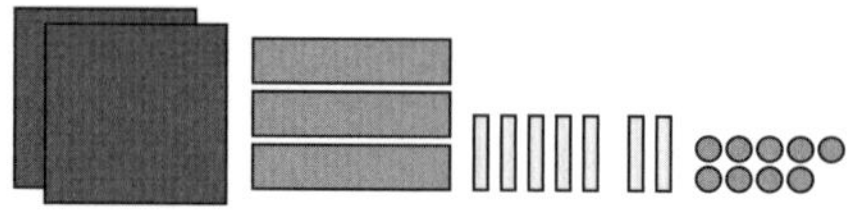 = ____________

⑤ 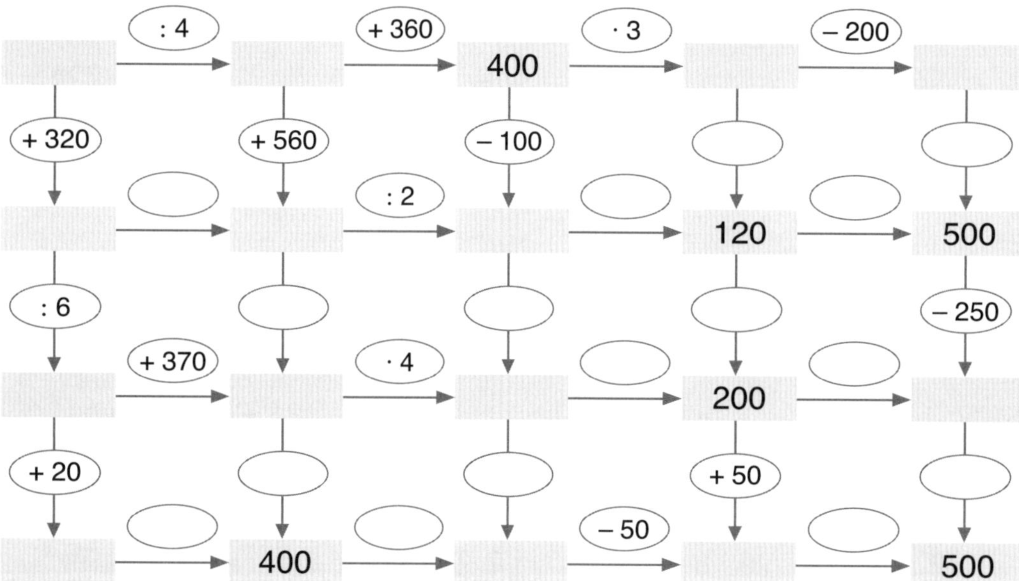

① Verbinde.

5E 3H 1ZT 6T 4Z	2Z 1H 8ZT 4E	6H 2E 9T	6Z 7T 3H 4ZT	1E 2ZT 4H 3T 5Z
9602	16345	23451	80124	47360

② Wie heißen die Zahlen?

5ZT 9T 2H 4Z 3E = ______

1H 6ZT 7Z 4E 2T = ______

7T 8H 9E 6ZT = ______

2E 8ZT 7H 4Z = ______

3T 6Z 1E 9ZT = ______

③ Ergänze.

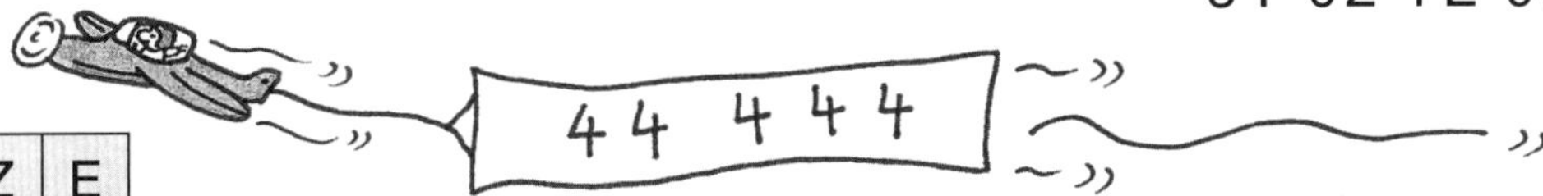

ZT	T	H	Z	E		
1	8	5	2	7	= 10000 + 8000 + 500 + 20 + 7	= 18527
6	5	0	5	8	= ______	= ______
					= 90000 + 600 + 50 + 7	= ______
					= 30000 + 3000 + 300	= ______
					= ______	= 48309

④ Welche fünfstelligen Zahlen kannst du bilden? Schreibe einige mit Ziffern auf.

tausend | drei | hundert | und | sechs | zwei

vierzig | fünfzig | und | achtzig | neunzig

______

______

______

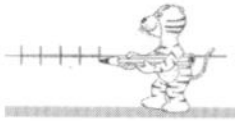

①

Vorgänger	Zahl	Nachfolger
999	1 000	1 001
	5 000	
10 000		
	3 199	
		6 501
70 999		
		100 000

②

Vorgänger	Zahl	Nachfolger
	88 000	
13 998		
	48 999	
		73 002
	66 399	
		99 999
21 899		

③

4 953 + ______ = 5 000

9 253 + ______ = 10 000

28 253 + ______ = 28 300

43 253 + ______ = 43 400

④

______ + 47 509 = 48 000

______ + 47 509 = 50 000

______ + 47 509 = 55 000

______ + 47 509 = 60 000

⑤

54 678 – ______ = 54 000

54 678 – ______ = 50 000

54 678 – ______ = 45 000

54 678 – ______ = 40 000

⑥

	8	1	8	1	5
+	1	2	0	5	6

⑦

	2	9	3	8	7
+	5	6	9	1	2

⑧

	7	3	0	8	4
–	1	2	1	8	3

⑨

	9	5	8	1	6
–		1	8	9	1

①

Nachbarzehner	Zahl	Nachbarzehner
	71 820	
	56 373	
	40 610	
	17 011	
	32 599	
	66 508	
	99 435	
	80 286	

②

Nachbarhunderter	Zahl	Nachbarhunderter
	21 326	
	36 100	
	80 088	
	67 519	
	92 925	
	43 750	
	11 111	
	50 900	

③ Setze ein: +, –, ·, :, =.

70 000	◯	30 000	◯	40 000
51 629	◯	42 000	◯	93 629
6 000	◯	6	◯	36 000
80 000	◯	16 000	◯	5
13 060	◯	3 060	◯	10 000
21 000	◯	700	◯	30

④ Ich denke mir eine Zahl. Sie liegt genau zwischen 30 000 und 0. Die Zahl heißt:

______________________.

⑤ Ich denke mir eine Zahl. Sie ist um 36 906 kleiner als 50 000. Die Zahl heißt:

______________________.

①

·	6	16	60	66
2				
5				
7				

② Setze ein: >, <, =.

5 · 16 ◯ 4 · 18   240 : 8 ◯ 180 : 6

7 · 18 ◯ 6 · 19   560 : 7 ◯ 540 : 9

③
625 + 8 = ______
625 + 80 = ______
625 + 800 = ______
625 + 8000 = ______

④
9314 − 7 = ______
9314 − 70 = ______
9314 − 700 = ______
9314 − 7000 = ______

⑤ Wie heißen die Zahlen?

9ZT 3E 7Z 2H = ______
6T 3H 1E 5ZT = ______
8E 4ZT 5H 7T = ______
1Z 6H 4T 2E = ______

⑥
______ · 6 = 540
______ · 9 = 720
______ · 7 = 490
______ · 4 = 280

⑦
______ : 8 = 50
______ : 3 = 60
______ : 6 = 70
______ : 5 = 90

⑧

Finde die Rechenregel und setze die Zahlenfolgen um 4 Zahlen fort.

① Regel: ______________________

99 900, 99 000, 98 100, 97 200, ____________, ____________, ____________, ____________

② Regel: ______________________

18 700, 19 500, 20 300, 21 100, ____________, ____________, ____________, ____________

③ Regel: ______________________

35 000, 36 100, 35 400, 36 500, ____________, ____________, ____________, ____________

④ Regel: ______________________

56 250, 54 250, 54 600, 52 600, ____________, ____________, ____________, ____________

⑤ Welche Zahl ist falsch? Streiche sie durch und schreibe die richtige Zahl in das graue Feld.

73 015, 73 115, 74 215, 73 315, 73 415

66 394, 66 398, 66 404, 66 406, 66 410

17 482, 17 472, 17 462, 17 452, 17 432

51 620, 51 640, 51 630, 50 650, 51 640

⑥ 100 000 = 45 000 + __________

100 000 = __________ + 28 000

100 000 = 76 500 + __________

100 000 = __________ + 17 500

100 000 = 68 470 + __________

100 000 = __________ + 52 830

①

Nachbar-tausender	Zahl	Nachbar-tausender
	72 199	
	66 526	
	75 053	
	39 720	
	84 800	
	23 999	
	52 001	
	1 089	

②

Nachbar-zehntausender	Zahl	Nachbar-zehntausender
	60 000	
	52 926	
	79 081	
	99 795	
	40 999	
	15 003	
	7 811	
	35 644	

Runde die Zahlen.

③ zum Zehner

32 562 ≈ ________
48 931 ≈ ________
29 540 ≈ ________
85 629 ≈ ________
11 111 ≈ ________

④ zum Hunderter

84 613 ≈ ________
51 072 ≈ ________
69 956 ≈ ________
72 839 ≈ ________
30 750 ≈ ________

⑤ zum Tausender

55 837 ≈ ________
2 345 ≈ ________
30 703 ≈ ________
99 500 ≈ ________
64 446 ≈ ________

⑥ zum Zehntausender

77 028 ≈ ________
93 876 ≈ ________
6 400 ≈ ________
40 987 ≈ ________
25 001 ≈ ________

①

+	9	19	59	119	390
218					
380					
435					
507					

②

–	7	17	47	167	470
806					
716					
662					
550					

③

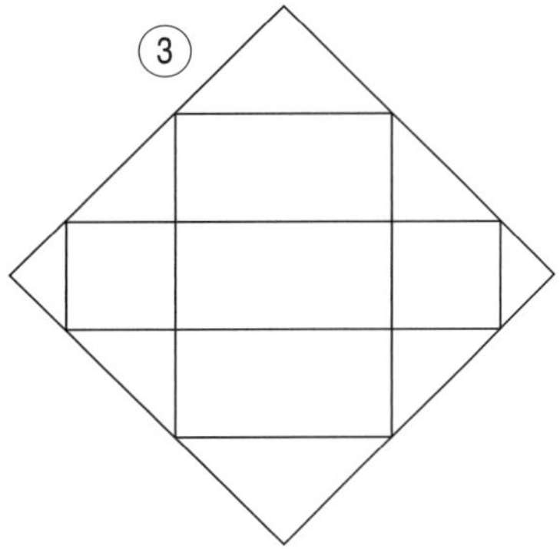

Ich sehe …

_________ Dreiecke

_________ Quadrate

_________ Rechtecke

④

·	3	7	9	11	20
6					
16					
3					
13					

⑤

:	2	4	6	8	10
800					
828					
840					
888					

Finde den Lösungssatz. Trage beim Kasten die Lösungszahl ein.

A	C	D	E	F	H	I	L	N	P	R	S	T	U
28	45	64	120	140	180	210	270	320	350	450	560	630	800

300 · 5 = ______

(1) 240 : 2 = ______

(2) 198 + 252 = ______

(3) 35 · 4 = ______

(4) 84 : 3 = ______

(5) 80 · 4 = ______

(6) 4 · 16 = ______

(7) 700 : 2 = ______

(8) 860 – 740 = ______

(9) 210 · 3 = ______

(10) 360 : 3 = ______

(11) 9 · 50 = ______

(12) 45 · 4 = ______

(13) 76 + 44 = ______

(14) 527 – 207 = ______

(15) 3 · 90 = ______

(16) 600 : 5 = ______

(17) 5 · 42 = ______

(18) 960 : 3 = ______

(19) 16 · 4 = ______

(20) 62 + 148 = ______

(21) 708 – 588 = ______

(22) 90 · 7 = ______

(23) 140 : 5 = ______

(24) 7 · 80 = ______

(25) 135 : 3 = ______

(26) 133 + 47 = ______

(27) 840 : 7 = ______

(28) 40 · 8 = ______

(29) 5 · 160 = ______

(30) 540 : 3 = ______

(31) 801 – 351 = ______

Im Jahre 

(1)	(2)	(3)	(4)	(5)	(6)

(7)	(8)	(9)	(10)	(11)

(12)	(13)	(14)	(15)	(16)	(17)	(18)

(19)	(20)	(21)

(22)	(23)	(24)	(25)	(26)	(27)	(28)	(29)	(30)	(31)	
										.

①

	7	3	2	4	8
–	3	5	1	6	7

②

	8	1	4	5	3
–	6	7	8	9	0

③

	9	0	0	5	1
–	7	4	0	6	8

④

	6	1	0	4	2
–		9	8	7	6

⑦

	5	6	7	8	9
	1	2	3	4	5
+	2	4	6	8	0

⑧

	2	0	8	1	7
	3	9	5	4	8
+		8	7	5	6

⑨

	4	5	6	7	8
	3	9	8	7	6
+		9	7	4	2

⑩

		9	0	0	3
	6	8	4	1	0
+		7	5	0	6

Trage die Gewichte der Pakete in die Tabelle ein.
Beginne jeweils mit dem leichtesten Paket.

①
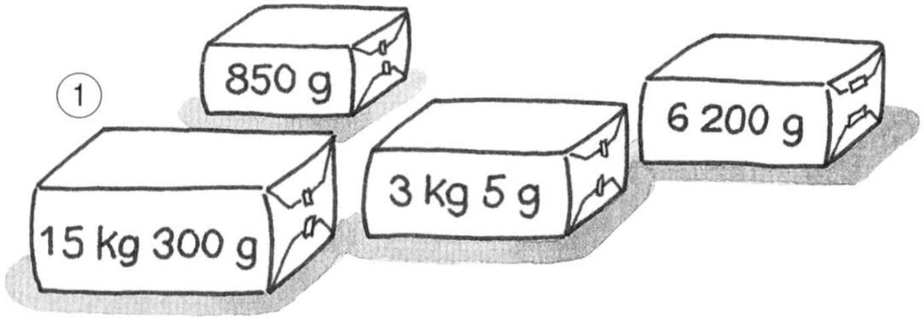

②
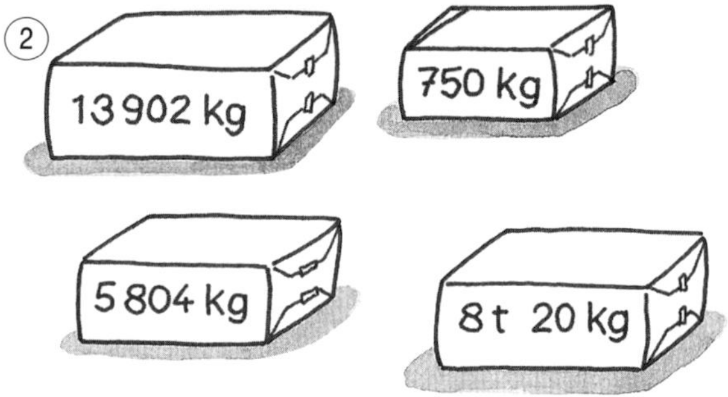

g	kg und g	kg (mit Komma)
850 g	0 kg 850 g	0,850 kg

kg	t und kg	t (mit Komma)

Immer eine Angabe ist falsch. Streiche sie durch und schreibe die richtige Schreibweise auf.

③ 1 t 860 kg = 186 kg = 1,860 t = ____________

④ 9 kg 302 g = 932 g = 9,302 kg = ____________

⑤ 0 kg 264 g = 264 g = 2,640 kg = ____________

⑥ 750 kg = 0,750 kg = 0 t 750 kg = ____________

⑦ 7,500 t = 7 t 5 kg = 7 005 kg = ____________

⑧ $\frac{1}{2}$ t = 1 200 kg = 1,200 t = ____________

① Ordne der Größe nach.

1 943 kg | 1,934 t | 4,931 kg

________ < ________ < ________

② Ordne der Größe nach.

$\frac{3}{4}$ t | 820 kg | 7 300 kg | 8,732 t

________ > ________ > ________ > ________

Ergänze.

③

1 t	
750 kg	
24 kg	
	150 kg
	937 kg

④

$\frac{1}{4}$ t	
0,205 t	
25 kg	
	150 kg
	37 kg

⑤

$\frac{3}{4}$ t	
750 kg	
24 kg	
	150 kg
	739 kg

⑥

```
   2 9 0 1 7 kg
   1 8 1 2 3 kg
+    9 0 5 0 kg
```

⑦

```
   1 8 0 3 2 kg
 − 1 7 5 6 5 kg
```

⑧

```
   8 9 3 0 1 kg
 − 3 8 5 6 8 kg
```

① 9 · 13 = ______
5 · 17 = ______
8 · 12 = ______
7 · 16 = ______
8 · 15 = ______
6 · 14 = ______

② 91 : 7 = ______
99 : 9 = ______
78 : 6 = ______
85 : 5 = ______
96 : 8 = ______
76 : 4 = ______

③ 307 · 3 = ______
214 · 4 = ______
438 · 2 = ______
121 · 5 = ______
233 · 3 = ______
108 · 6 = ______

④ 428 : 4 = ______
678 : 3 = ______
791 : 7 = ______
330 : 6 = ______
565 : 5 = ______
981 : 9 = ______

⑤ 27 + 5 = ______
327 + 5 = ______
7 327 + 5 = ______
87 327 + 5 = ______

⑥ 35 – 8 = ______
635 – 8 = ______
4 635 – 8 = ______
24 635 – 8 = ______

⑦ 92 + ______ = 100
392 + ______ = 1 000
5 392 + ______ = 10 000
35 392 + ______ = 100 000

⑧ 72 – 6 = ______
472 – 66 = ______
7 472 – 606 = ______
87 472 – 6 006 = ______

⑨ 57 + ______ = 110
957 + ______ = 1 010
5 957 + ______ = 10 010
65 957 + ______ = 100 010

⑩ 74 – ______ = 10
274 – ______ = 110
3 274 – ______ = 1 010
13 274 – ______ = 10 010

① 72 581 + ______ = 72 600
72 581 + ______ = 73 000
72 581 + ______ = 80 000

② 54 328 – ______ = 54 300
54 328 – ______ = 54 000
54 328 – ______ = 50 000

③ 208 · 4 = ______
151 · 3 = ______
399 · 2 = ______

④ 350 : 7 = ______
480 : 6 = ______
330 : 3 = ______

⑤ 240 : 60 = ______
490 : 70 = ______
720 : 90 = ______

⑥
```
   2 7 9 3 8
     8 0 7 2
 + 4 6 9 0 1
 -----------
```

⑦
```
   3 9 □ 6 4
   □ 8 3 5 □
 +   □ 2 1 3
 -----------
 1 0 4 6 3 4
```

⑧
```
   8 0 4 3 1
 – 1 8 5 6 2
 -----------
```

⑨
```
   9 □ 0 3 □
 – 6 3 9 □ 4
 -----------
   2 7 □ 8 4
```

⑩

100 000	
99 002	
	63 000
54 500	
	36 910
18 700	

①

·	3	6	9	4	8	7
0						
5						
10						
9						
2						
4						
8						
3						
6						

Finde die Regel und setze fort.

② $8 \cdot 3 - 3 =$ ______

$8 \cdot 4 - 5 =$ ______

$8 \cdot 5 - 7 =$ ______

______

______

______

______

______

③ $70 : 7 + 7 =$ ______

$77 : 7 + 14 =$ ______

$84 : 7 + 21 =$ ______

______

______

______

______

______

④

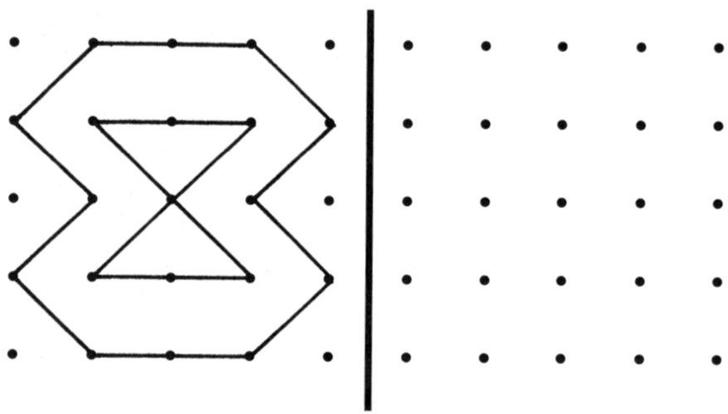

⑤

+	120	3600	7010	9990
28310				
11425				
90280				
46790				

Kontrolliere im Kopf mit der Überschlagsrechnung.

① 835 · 6 ② 730 · 8 ③ 5840 · 7 ④ 9321 · 3

⑤ 7632 · 4 ⑥ 5067 · 6 ⑦ 9999 · 5 ⑧ 6313 · 9

⑨ 10176 · 8 ⑩ 32123 · 3 ⑪ 20795 · 4

⑫ Setze die Folgen fort.

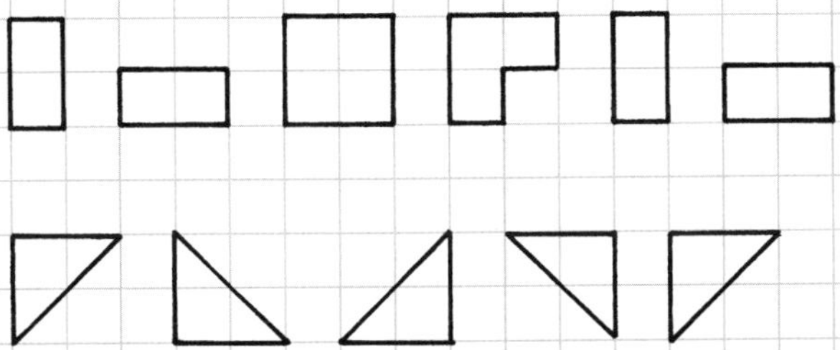

1	+ 99 →		· 10 →	1 000	: 10 →		+ 10 400 →	
↓ · 300		↓ · 4		↓ · 2		↓		↓
	→		· 5 →		→	1 000	→	7 000
↓ · 2		↓		↓ + 70 000		↓		↓ · 10
	· 60 →		· 2 →		– 49 500 →		→	
↓ · 40		↓ – 11 000		↓		↓		↓
	→	25 000	: 5 →		· 9 →		· 1 →	45 000
↓		↓ + 63 400		↓ · 14		↓		↓
48 000	→		→		: 2 →	35 000	→	42 000
↓ + 62 000		↓		↓		↓ – 10 000		↓ : 84
	→	100 000	: 2 →		: 2 →		: 50 →	

Rechne geschickt.

①
$4 \cdot 6 =$ ____
$8 \cdot 6 =$ ____
$16 \cdot 6 =$ ____
$32 \cdot 6 =$ ____
$64 \cdot 6 =$ ____

②
$3 \cdot 20 =$ ____
$6 \cdot 20 =$ ____
$12 \cdot 20 =$ ____
$24 \cdot 20 =$ ____
$48 \cdot 20 =$ ____

③
$2 \cdot 15 =$ ____
$4 \cdot 15 =$ ____
$6 \cdot 15 =$ ____
$8 \cdot 15 =$ ____
$10 \cdot 15 =$ ____

④
$35 : 7 =$ ____
$70 : 7 =$ ____
$140 : 7 =$ ____
$280 : 7 =$ ____
$560 : 7 =$ ____

⑤
$3 \cdot 8 =$ ____
$3 \cdot 80 =$ ____
$30 \cdot 8 =$ ____
$30 \cdot 80 =$ ____
$300 \cdot 80 =$ ____

⑥
$7 \cdot 20 =$ ____
$70 \cdot 20 =$ ____
$70 \cdot 200 =$ ____
$700 \cdot 20 =$ ____
$7\,000 \cdot 2 =$ ____

⑦
$3 \cdot 19 =$ ____
$6 \cdot 19 =$ ____
$12 \cdot 19 =$ ____
$24 \cdot 19 =$ ____
$48 \cdot 19 =$ ____

⑧
$420 : 6 =$ ____
$840 : 6 =$ ____
$1\,680 : 6 =$ ____
$3\,360 : 6 =$ ____
$6\,720 : 6 =$ ____

⑨
$1\,812 - 8 =$ ____
$1\,812 - 18 =$ ____
$1\,812 - 28 =$ ____
$1\,812 - 108 =$ ____
$1\,812 - 208 =$ ____

⑩
$74\,936 + 5 =$ ____
$74\,936 + 35 =$ ____
$74\,936 + 95 =$ ____
$74\,936 + 105 =$ ____
$74\,936 + 305 =$ ____

⑪
$56\,208 - 6 =$ ____
$56\,208 - 106 =$ ____
$56\,208 - 1\,006 =$ ____
$56\,208 - 10\,006 =$ ____
$56\,208 - 10\,106 =$ ____

Finde den Lösungssatz. Trage beim (Kästchen) die Lösungszahl ein.

A	C	D	E	F	G	I	K	L	M	N	O	P	R	T	U	V
6	30	4	70	8	90	5	40	2	80	9	60	7	50	3	20	100

(1) 280 : 70 = ______
(2) 60 : 12 = ______
(3) 14 · 5 = ______
(4) 900 : 450 = ______
(5) 300 : 15 = ______
(6) 480 : 60 = ______
(7) 360 : 120 = ______
(8) 630 : 90 = ______
(9) 340 : 17 = ______

(10) 400 : 5 = ______
(11) 105 : 15 = ______
(12) 560 : 8 = ______
(13) 210 : 3 = ______
(14) 800 : 16 = ______
(15) 560 : 70 = ______
(16) 600 : 100 = ______
(17) 540 : 60 = ______
(18) 500 : 125 = ______

550 · 3 = ______
(19) 12 · 5 = ______
(20) 750 : 250 = ______
(21) 450 : 150 = ______
(22) 1 200 : 20 = ______
(23) 1 000 : 10 = ______
(24) 2 400 : 40 = ______
(25) 108 : 12 = ______

(26) 5 · 18 = ______
(27) 4 000 : 200 = ______
(28) 770 : 11 = ______
(29) 350 : 7 = ______
(30) 110 : 22 = ______
(31) 180 : 6 = ______
(32) 1 200 : 30 = ______
(33) 4 200 : 60 = ______

(1)	(2)	(3)

(4)	(5)	(6)	(7)	(8)	(9)	(10)	(11)	(12)

(13)	(14)	(15)	(16)	(17)	(18)

im Jahre ______

(19)	(20)	(21)	(22)

(23)	(24)	(25)

(26)	(27)	(28)	(29)	(30)	(31)	(32)	(33)	
								.

Kennzeichne die rechten Winkel mit diesem Zeichen: ⦝

①

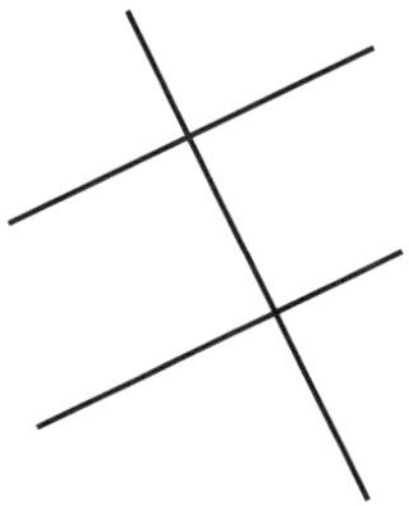

②

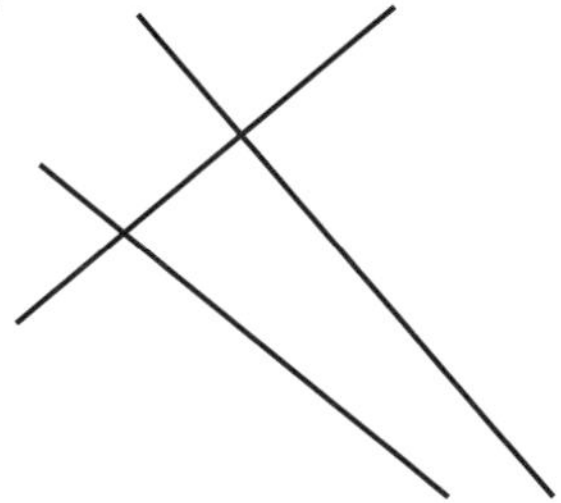

③

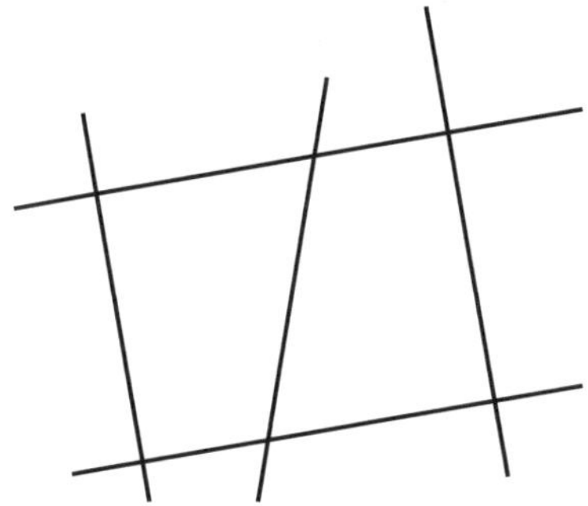

④

·	7	17	70
3			
6			
9			
4			
8			
5			
10			
20			
7			
11			

⑤

:	3	30
120		
30		
450		
300		
330		
60		
0		
150		
360		
90		

⑥

:	9	K:
82	9 R1	9 · 9 = 81 81 + 1 = 82
30		
109		
59		
20		
100		
97		
65		
47		
37		

① Welche Geraden sind parallel, welche stehen senkrecht zueinander? Färbe die parallelen Geraden in der gleichen Farbe. Kennzeichne die rechten Winkel.

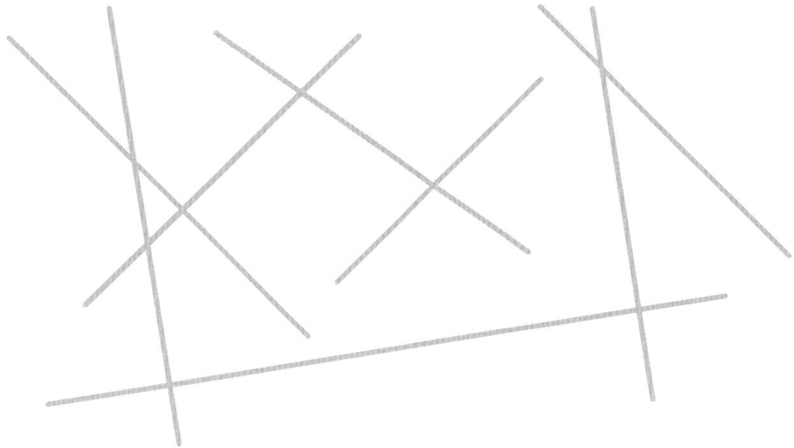

② Wie viele rechte Winkel und parallele Geradenpaare findest du?

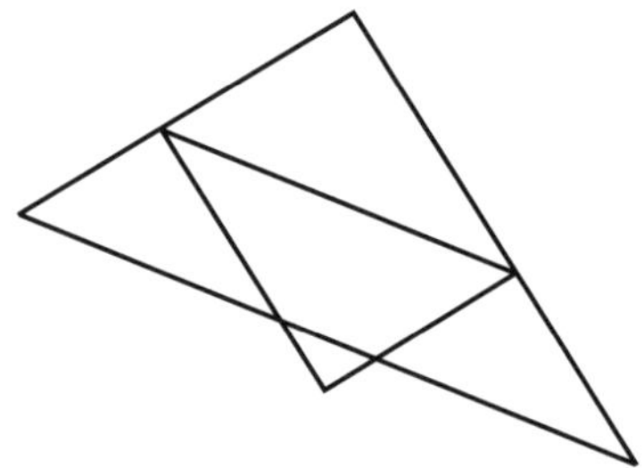

Rechte Winkel: ________

Parallele Geradenpaare: ________

③

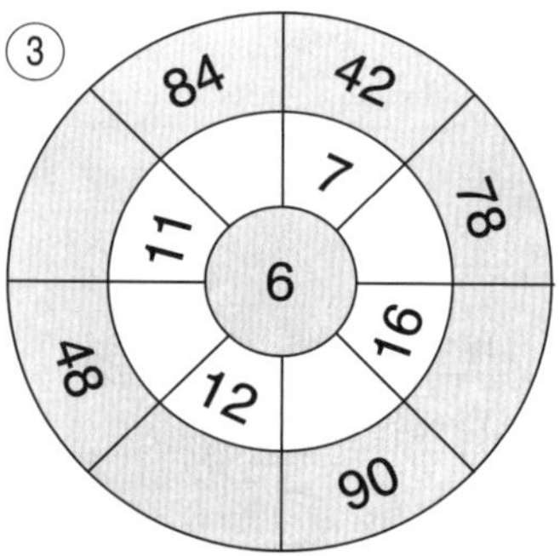

④

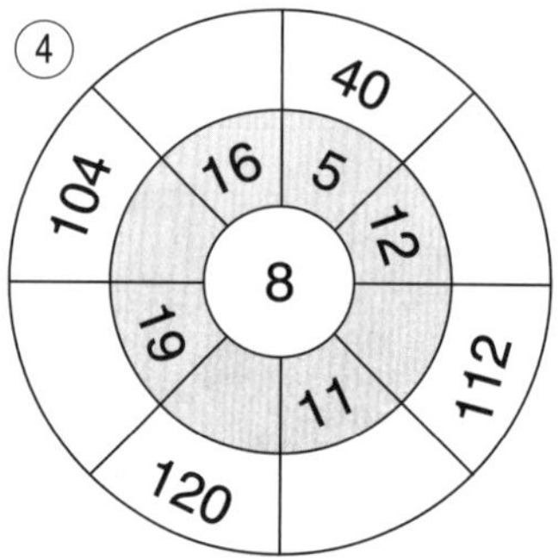

⑤

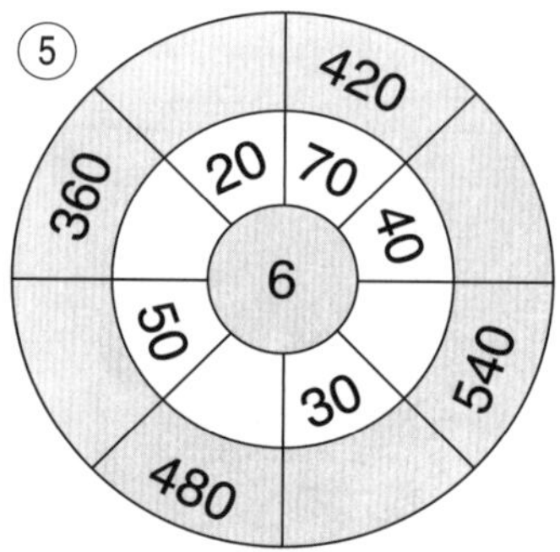

⑥

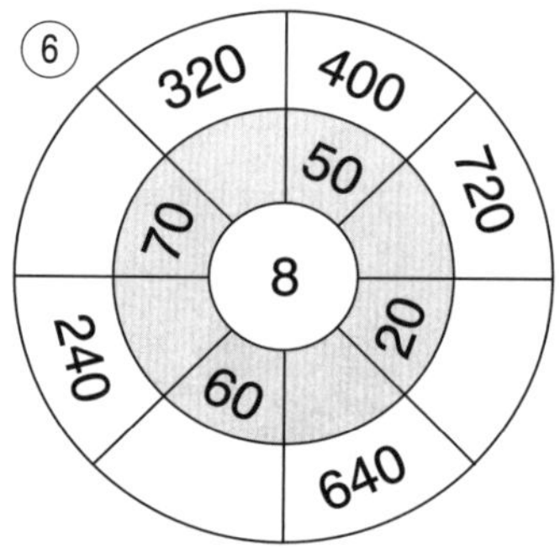

① Verbinde.

6E 3HT 1Z 7T	1E 5HT 8H 4ZT 7Z	6HT 9E 3ZT	6E 7HT 4H	2Z 8T 4HT 3E 5ZT	1M 5ZT 4H 9T 5Z

540 871	700 406	307 016	630 009	1 059 450	458 023

② Ergänze.

M	HT	ZT	T	H	Z	E		
	6	1	8	5	2	7	= 6HT + 1ZT + 8T + 5H + 2Z + 7E	=
	3	0	8	1	2	0	=	=
							= 1M + 3ZT + 7T + 8H + 4Z + 3E	=
							=	= 909 090
							=	= 1 609 014

③ Welche sechsstelligen Zahlen kannst du bilden? Schreibe einige mit Ziffern auf.

tausend · drei · zwei · achtzig · und · sechs · vierzig · und · hundert · fünfzig · hundert · neunzig

① Schreibe die Gewichtsangabe auf zwei weitere Arten.

4 603 kg = ______________ = ________________

8,040 t = ______________ = ________________

3 t 9 kg = ______________ = ________________

②

$1\frac{1}{2}$ t	
950 kg	
0,875 t	
	1 250 kg
	1,500 t

Ordne der Größe nach.

③ 12 750 kg 1 t 710 kg 840 kg 2,100 t

____________ > ____________ > ____________ > ____________

④ 86 t 4 kg 9,090 t 81 000 kg 10 t

____________ < ____________ < ____________ < ____________

⑤

·	60
90	
700	
8	
	30 000
	6 600

⑥

:	80
4 800	
2 400	
72 000	
	500
	2 000

⑦ 8 0 4 7 · 6

⑧ 1 3 9 5 0 · 8

⑨
```
  3 8 1 4 7
+ 5 6 9 8 4
```

⑩
```
  6 4 3 1 5
− 3 8 7 4 6
```

①

Vorgänger	Zahl	Nachfolger
		100 000
	99 978	
	26 001	
87 399		
		43 000
69 369		
		41 002
	18 890	
		10 001
50 999		

②

③

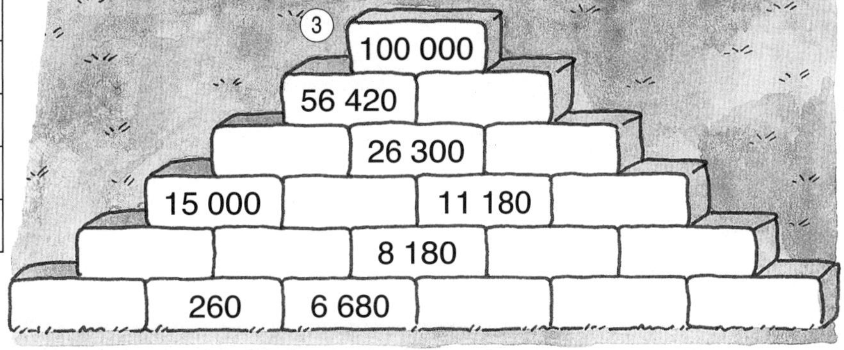

④ Setze das Muster fort und male es an.

Kontrolliere im Kopf mit der Überschlagsrechnung.

① 7 2 8 · 4

② 2 8 4 5 · 9

③ 2 6 0 9 · 2

④ 5 4 6 7 · 8

⑤ 8 6 3 0 · 7

⑥ 1 9 6 7 3 · 5

⑦ 1 0 1 8 3 · 3

⑧ 6 6 4 6 6 · 6

Wandle um und rechne schriftlich.

⑨ 9 t 30 kg – 4,080 t

⑩ 8010 g – 5,700 kg

⑪ 7,400 t – 326 kg

⑫ 14920 kg – 3 t 84 kg

⑬ 3 t 87 kg + 26 kg + 9,320 t

⑭ 9,380 kg + 207 g + 3781 g

⑮ 7 t 802 kg + 8987 kg + 7,500 t

(1)

		3	6	8	9	8	7
		5	6	3	0	2	1
	+		7	6	3	4	2

(2)

		2	6	0	5	8	7
			1	0	6	8	2
	+		5	3	2	4	9

(3)

		2	5	1	2	0	0
					1	3	9
	+			9	4	5	6

(4)

		9	8	4	3	7	6
	–	6	3	5	2	9	1

(5)

		8	9	0	5	2	0
	–	1	8	5	0	6	2

(6)

		2	8	8	2	1	6
	–			3	4	6	7

(7) 7 6 4 5 3 · 8

(8) 9 5 1 6 3 · 7

(9) 8 7 3 5 9 · 5

Finde die Regel und setze fort.

(10) Regel: ____________

953 800, 943 800, 933 800, ____________________

(11) Regel: ____________

350 920, 450 910, 550 900, 650 890, ____________________

(12) Regel: ____________

270 051, 270 052, 270 062, 270 162, ____________________

(1)

31 : 4 = _____ K: ________________________

41 : 5 = _____ K: ________________________

11 : 6 = _____ K: ________________________

58 : 8 = _____ K: ________________________

48 : 7 = _____ K: ________________________

30 : 9 = _____ K: ________________________

19 : 3 = _____ K: ________________________

(2)

9 : ____ = 2 R 1 K: ________________________

35 : ____ = 8 R 3 K: ________________________

49 : ____ = 6 R 1 K: ________________________

17 : ____ = 3 R 2 K: ________________________

30 : ____ = 4 R 2 K: ________________________

56 : ____ = 9 R 2 K: ________________________

58 : ____ = 8 R 2 K: ________________________

(3)

86 : 6 = ______________

____

____

(4)

112 : 7 = ______________

____

____

(5)

145 : 9 = ______________

____

____

(6)

132 : 8 = ______________

____

____

Finde jeweils die Rechenregel.

(7)

	320	
250		
590		340

(8)

72		6
24	4	

(9)

13		26
52		104

(10)

120		8
20	5	

①
48 : 8 = ____
480 : 8 = ____
4800 : 8 = ____
4800 : 80 = ____
48000 : 80 = ____

②
90 : 30 = ____
900 : 30 = ____
9000 : 300 = ____
9000 : 30 = ____
90000 : 300 = ____

③
56 : 7 = ____
560 : 7 = ____
5600 : 7 = ____
5600 : 700 = ____
56000 : 70 = ____

④
42 : 6 = ____
420 : 60 = ____
4200 : 6 = ____
4200 : 60 = ____
42000 : 600 = ____

⑤
4500 : ____ = 9
2800 : ____ = 7
7200 : ____ = 8
2100 : ____ = 3
2500 : ____ = 5

⑥
15000 : ____ = 30
24000 : ____ = 60
56000 : ____ = 80
32000 : ____ = 40
24000 : ____ = 20

⑦
7490 : 7 = ____
8640 : 8 = ____
3090 : 3 = ____
4360 : 4 = ____
5350 : 5 = ____

⑧
60240 : 60 = ____
90810 : 90 = ____
70420 : 70 = ____
20720 : 20 = ____
40560 : 40 = ____

⑨

+	8	80	800	18000
5312				
36449				
62107				
91425				

⑩

−	6	60	600	6000
9113				
27582				
54307				
71569				

① 1415 : 5 =

K:

② 4470 : 5 =

K:

③ 1848 : 7 =

K:

④ 1746 : 6 =

K:

⑤ 5272 : 8 =

K:

⑥ 1413 : 3 =

K:

⑦ 4896 : 9 =

K:

⑧ 2188 : 4 =

K:

⑨ 4053 : 7 =

K:

①

·	16	56	106
5			
9			
3			
6			
4			

②

:	3	30	40
240			
360			
120			
480			
600			

③

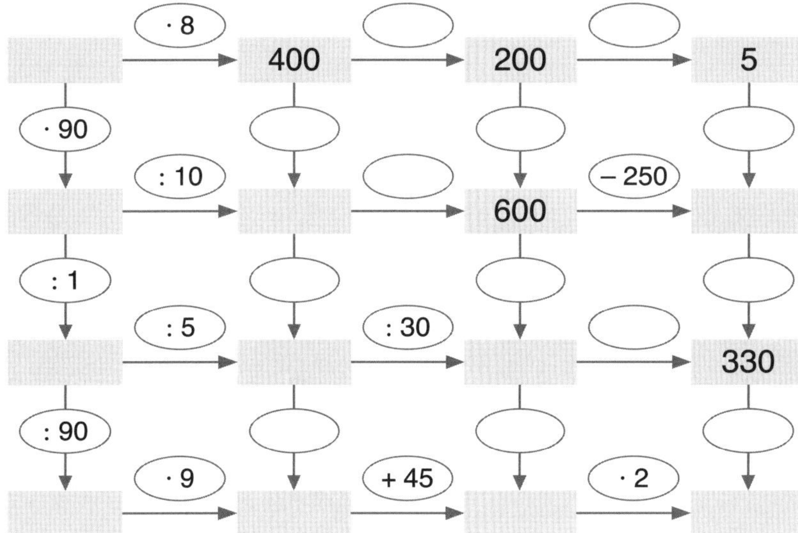

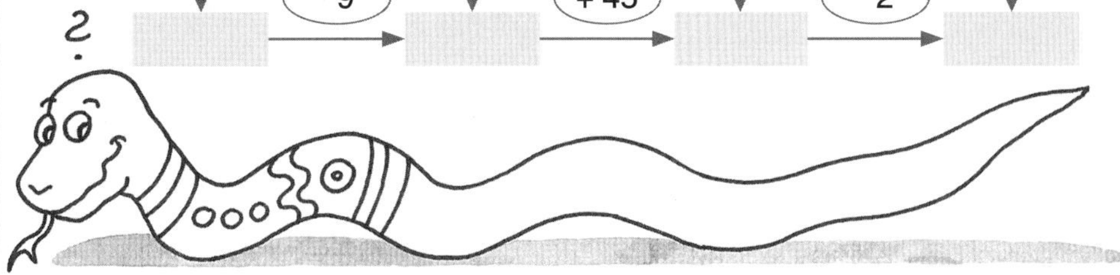

④

30	40		120
40	60		170
	180	200	500

⑤

	50	35	150
	45	75	180
55			
	145	175	

⑥

15		30	
	25	45	90
25	13		45
			200

Finde den Lösungssatz. Trage beim [Kiste] die Lösungszahl ein.

J	K	A	D	H	E	I	F	C	L	N	O	R	T
1 000	2 000	3 000	4 000	5 000	6 000	7 000	8 000	9 000	32 000	48 000	56 000	64 000	81 000

(1) 30 000 : 30 = ______
(2) 700 · 80 = ______
(3) 25 000 : 5 = ______
(4) 24 000 : 8 = ______
(5) 80 · 600 = ______
(6) 1 600 · 30 = ______
(7) 63 000 : 7 = ______
(8) 45 000 : 9 = ______
(9) 48 000 : 12 = ______
(10) 40 · 150 = ______
(11) 6 · 8 000 = ______
(12) 12 000 · 4 = ______
(13) 120 · 50 = ______
(14) 16 000 · 4 = ______
(15) 54 000 : 9 = ______
(16) 80 · 800 = ______
(17) 72 000 : 9 = ______
(18) 33 000 : 11 = ______
(19) 9 600 · 5 = ______
(20) 48 000 : 12 = ______
[Kiste] 845 · 2 = ______
(21) 28 000 : 7 = ______
(22) 42 000 : 6 = ______
(23) 20 · 300 = ______
(24) 30 000 : 15 = ______
(25) 800 · 40 = ______
(26) 90 000 : 30 = ______
(27) 400 · 160 = ______
(28) 14 000 : 2 = ______
(29) 12 · 4 000 = ______
(30) 36 000 : 6 = ______
(31) 900 · 90 = ______
(32) 27 000 · 3 = ______
(33) 66 000 : 11 = ______

(1)	(2)	(3)	(4)	(5)	(6)

(7)	(8)	
		.

(9)	(10)	(11)	(12)	(13)	(14)

(15)	(16)	(17)	(18)	(19)	(20)

im Jahre [Kiste]

(21)	(22)	(23)

(24)	(25)	(26)	(27)	(28)	(29)	(30)	(31)	(32)	(33)	
										.

①

·	15	18	19	
3				36
8				

②

:	3	5	20	40
240				
600				

③ 4328 : 4 =

K:

④ 5705 : 7 =

K:

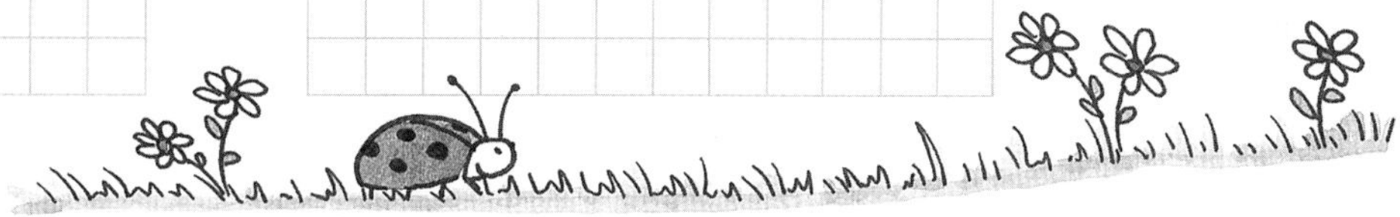

⑤

7461 + 8 = ________

7461 + 80 = ________

7461 + 880 = ________

7461 + 8800 = ________

⑥

9578 – 6 = ________

9578 – 60 = ________

9578 – 660 = ________

9578 – 6600 = ________

⑦

180	130		400
70			200
	180	110	
	390		1000

Finde die Fehler und schreibe die Rechnungen richtig daneben.

① 62034 : 7 = 862

6	2	0	3	4	:	7	=	8	6	2
5	6									
	6	0								
	5	6								
		4	3							
		4	2							
			1	4						
			1	4						
				0						

② 31944 : 6 = 5324

3	1	9	4	4	:	6	=	5	3	2	4
3	0										
1	9										
	1	8									
		1	4								
		1	2								
			2	4							
			2	4							
				0							

③

	6	3	8	1	9
			5	0	8
+	1	0	9	8	6

④

	2	4	7	5	1
		5	3	8	9
+				8	7

⑤

	5	4	3	6	2
–	4	5	6	2	3

⑥

	8	0	0	5	1
–	3	7	9	8	4

⑦

Immer 500					
	9		315		428
		241		392	

⑧

Immer 5000					
		999		3321	
	72		1324		4998

⑨

Immer 50000				
	840		10717	
		9604		35686

① Berechne den Benzinverbrauch.

Strecke	Verbrauch
100 km	6 l
200 km	
500 km	
800 km	
450 km	
125 km	
375 km	

② Berechne die Reichweite.

Tankinhalt	Reichweite
12 l	100 km
24 l	
48 l	
	350 km
18 l	
	125 km
9 l	

③ Wie viel Uhr ist es?

_______ Uhr _______ Uhr _______ Uhr

_______ Uhr _______ Uhr _______ Uhr

④ Ergänze.

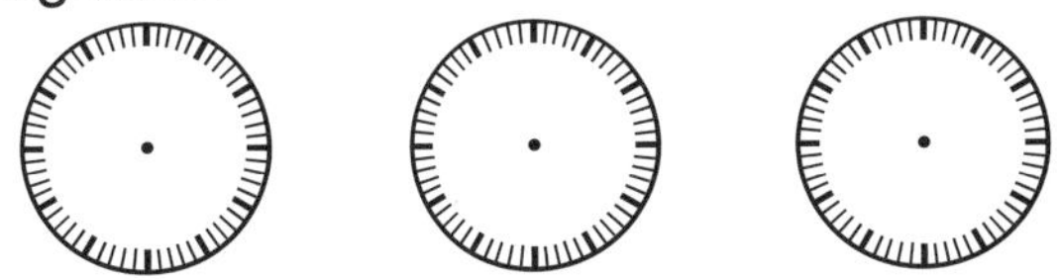

6.27 Uhr _______ Uhr 0.58 Uhr

_______ Uhr 21.06 Uhr _______ Uhr

⑤

357 cm = _______ m

6 m 4 cm = _______ m

5 120 cm = _______ m

8 cm = _______ m

⑥

8,190 km = _______ m

20 km 40 m = _______ m

$4\frac{1}{2}$ km = _______ m

$3\frac{1}{4}$ km = _______ m

⑦

4 586 kg = _______ t

16 003 kg = _______ t

7 t 70 kg = _______ t

0 t 25 kg = _______ t

⑧

12 650 g = _______ kg

302 g = _______ kg

50 kg 5 g = _______ kg

10 g = _______ kg

①

·	8	80	400	700
50				
900				
300				
2				
400				

②

4500 + ________ = 10000

6000 + ________ = 10000

3800 + ________ = 10000

600 + ________ = 10000

8050 + ________ = 10000

90 + ________ = 10000

1710 + ________ = 10000

5200 + ________ = 10000

18 + ________ = 10000

9 + ________ = 10000

③

10000 – ________ = 2500

10000 – ________ = 9000

10000 – ________ = 4900

10000 – ________ = 600

10000 – ________ = 7200

10000 – ________ = 30

10000 – ________ = 8450

10000 – ________ = 7

10000 – ________ = 270

10000 – ________ = 1

④

7 1 0 7 2 : 4 =

K:

⑤

1 3 3 0 7 : 7 =

K:

① Der größte gemeinsame Teiler von zwei Zahlen ist 6. Mögliche Zahlen: ____________.

② Der größte gemeinsame Teiler von zwei Zahlen ist 9. Mögliche Zahlen: ____________.

③ Das kleinste gemeinsame Vielfache von zwei Zahlen ist 40. Mögliche Zahlen: ____________.

④ Das kleinste gemeinsame Vielfache von zwei Zahlen ist 36. Mögliche Zahlen: ____________.

⑤

−	6	70	280	3	40	550
6574						
3018						
8929						
4002						
7346						

⑥

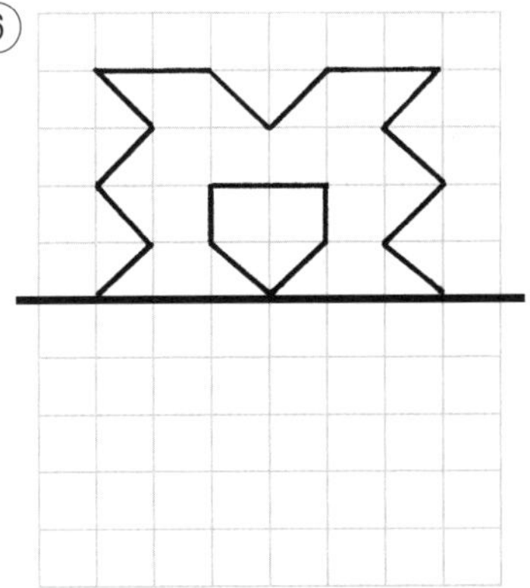

⑦

	387245
	265190
	90361
+	197304

⑧

	76029
	360486
	209147
+	8549

⑨

	453126
−	289758

⑩

	500321
−	321065

①

·	74	704	7040
8			
4			
3			
6			
5			

②

:	15	30	300
600			
4500			
1200			
9000			
3000			

③

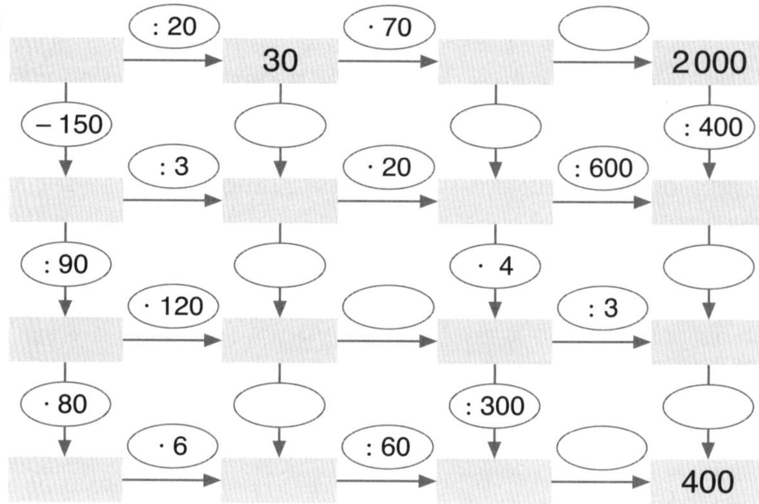

④

6500 + ________ = 10000

2700 + ________ = 10000

1900 + ________ = 10000

9910 + ________ = 10000

⑤

54000 + ____________ = 100000

38000 + ____________ = 100000

83000 + ____________ = 100000

65500 + ____________ = 100000

⑥

710000 + ______________ = 1000000

460000 + ______________ = 1000000

875000 + ______________ = 1000000

900009 + ______________ = 1000000

① Überprüfe mit den Teilbarkeitsregeln und kreuze an.

	teilbar durch 2	teilbar durch 3	teilbar durch 4	teilbar durch 5	teilbar durch 6	teilbar durch 9	teilbar durch 10
2 504	X						
1 782							
37 584							
69 760							
503 502							
746 232							
1 234 560							

②

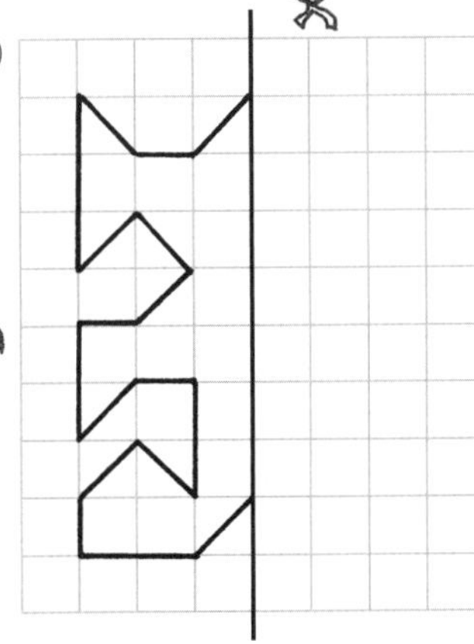

③

10 000 – ________ = 3 800
10 000 – ________ = 6 500
10 000 – ________ = 4 900
10 000 – ________ = 7 600
10 000 – ________ = 2 450
10 000 – ________ = 8 008

④

100 000 – ________ = 67 000
100 000 – ________ = 41 000
100 000 – ________ = 84 000
100 000 – ________ = 50 500
100 000 – ________ = 32 600
100 000 – ________ = 70 070

⑤

1 000 000 – ________ = 840 000
1 000 000 – ________ = 360 000
1 000 000 – ________ = 570 000
1 000 000 – ________ = 602 000
1 000 000 – ________ = 430 700
1 000 000 – ________ = 900 009

① 3 8 9 1 7 : 8 =

K:

② 2 4 3 2 4 : 5 =

K:

③ 7 0 3 2 9 : 9 =

K:

④ 3 0 6 4 1 : 4 =

K:

⑤ 520 + 345 = ______

210 + 781 = ______

470 + 254 = ______

340 + 563 = ______

⑥ 468 + 180 = ______

643 + 270 = ______

376 + 350 = ______

704 + 190 = ______

⑦ 590 – 73 = ______

830 – 64 = ______

680 – 91 = ______

420 – 49 = ______

⑧ 620 – 408 = ______

940 – 712 = ______

760 – 546 = ______

580 – 373 = ______

① Verdoppele die Rauminhaltsangaben.

$\frac{1}{4}$ l ⟶ ______

$1\frac{1}{2}$ l ⟶ ______

$\frac{1}{8}$ l ⟶ ______

$\frac{3}{4}$ l ⟶ ______

② Halbiere die Rauminhaltsangaben.

$\frac{1}{2}$ l ⟶ ______

$1\frac{1}{2}$ l ⟶ ______

$\frac{1}{4}$ l ⟶ ______

$\frac{3}{4}$ l ⟶ ______

③

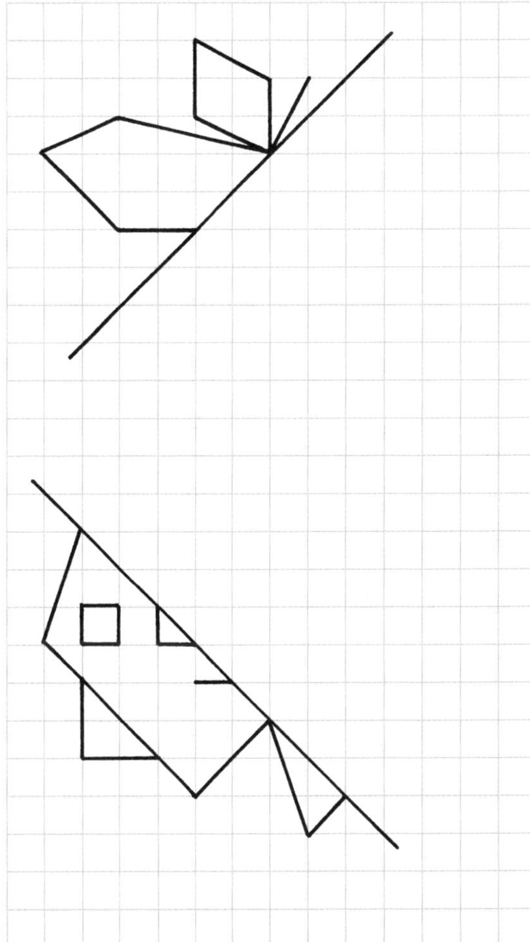

④

:	11
22	
99	
66	
121	
132	

⑤

:	12
72	
60	
96	
24	
48	

⑥

:	13
39	
65	
26	
78	
52	

⑦

______ : 8 = 8

______ : 80 = 8

______ : 8 = 80

______ : 80 = 80

______ : 80 = 800

⑧

30 : ______ = 6

300 : ______ = 60

3 000 : ______ = 60

3 000 : ______ = 6

30 000 : ______ = 600

① Schreibe die Angaben auf zwei weitere Arten.

2,100 l = __________ = __________

3 l 2 ml = __________ = __________

$4\frac{1}{4}$ l = __________ = __________

② Addiere 487 625, 9 832 und 34 896.

③ Subtrahiere 576 809 von 905 214.

④ 6 2 8 2 : 8 =

⑤

:	3	30	6	600
24 000				
600 000				

⑥ 3 9 5 1 7 · 6

⑦ 3 700 + ______ = 10 000

6 950 + ______ = 10 000

8 195 + ______ = 10 000

⑧

Strecke	Verbrauch
100 km	8 l
	4 l
500 km	
350 km	
	6 l
	20 l

Ordne der Größe nach.

① 783 ml   0,078 l   7,830 l   0,874 l

________ > ________ > ________ > ________

② $\frac{3}{4}$ l   1 l 20 ml   0,200 l   120 ml

________ < ________ < ________ < ________

③ Ergänze zu 1 l.	
0,750 l	
	325 ml
0,045 l	
	608 ml

④ Ergänze zu $\frac{1}{4}$ l.	
$\frac{1}{8}$ l	
	0,225 l
165 ml	
	250 ml

⑤ Ergänze zu $1\frac{3}{4}$ l.	
	1025 ml
0,940 l	
	1,700 l
1615 ml	

⑥ Ergänze zu $2\frac{1}{4}$ l.	
	2,010 l
217 ml	
	750 ml
$1\frac{1}{2}$ l	

Wandle um und rechne schriftlich.

⑦ 0,500 l + $2\frac{1}{4}$ l + 3875 ml

⑧ $\frac{3}{4}$ l – 0,483 l

⑨ 4 l 13 ml – 1,900 l

① $4\,l\ 50\ ml + 2{,}600\ l =$ ______

$3\,700\ ml + 5\,l\ 505\ ml =$ ______

$10\,l\ 100\ ml + 12\frac{1}{4}\ l =$ ______

$5\frac{3}{4}\ l + 3\frac{1}{2}\ l =$ ______

② $2{,}300\ l - 1\,850\ ml =$ ______

$9\,l\ 90\ ml - 6{,}100\ l =$ ______

$10\frac{1}{4}\ l - 2{,}500\ l =$ ______

$7\frac{1}{2}\ l - 2\frac{3}{4}\ l =$ ______

③

Schreibe zu jedem Ergebnis drei verschiedene Multiplikationsaufgaben auf.

240 = 60 · 4 ______ 600 = ______

240 = ______ 600 = ______

240 = ______ 600 = ______

7 200 = ______ 4 800 = ______

7 200 = ______ 4 800 = ______

7 200 = ______ 4 800 = ______

④

Schreibe zu jeder Zahl drei verschiedene Divisionsaufgaben auf.

420 : ______ = ______ 180 : ______ = ______

420 : ______ = ______ 180 : ______ = ______

420 : ______ = ______ 180 : ______ = ______

3 600 : ______ = ______ 6 400 : ______ = ______

3 600 : ______ = ______ 6 400 : ______ = ______

3 600 : ______ = ______ 6 400 : ______ = ______

⑤

	2	7	8	3	·	5

⑥

	8	1	7	6	·	7

⑦

	6	9	4	0	1	·	6

Schreibe die Angaben auf zwei weitere Arten.

① 8,400 l = ______________ = ______________

② 5 l 50 ml = ______________ = ______________

③ $1\frac{1}{4}$ l = ______________ = ______________

④ 12 003 ml = ______________ = ______________

⑤

63 : 9 = ______

6 300 : 9 = ______

630 : 9 = ______

6 300 : 90 = ______

63 000 : 900 = ______

63 000 : 9 = ______

⑥

100 : 10 = ______

1 000 : 10 = ______

10 000 : 10 = ______

10 000 : 100 = ______

1 000 : 100 = ______

100 000 : 10 = ______

⑦

:	15	Kontrolle
45		· 15 = 45
15		
60		
30		
120		
75		
105		
90		

⑧

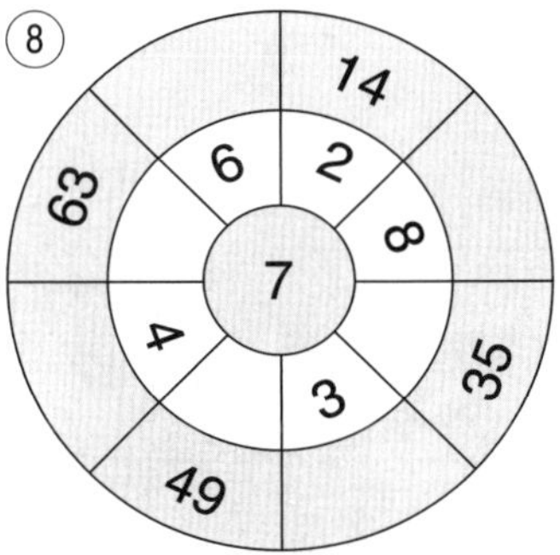

⑨

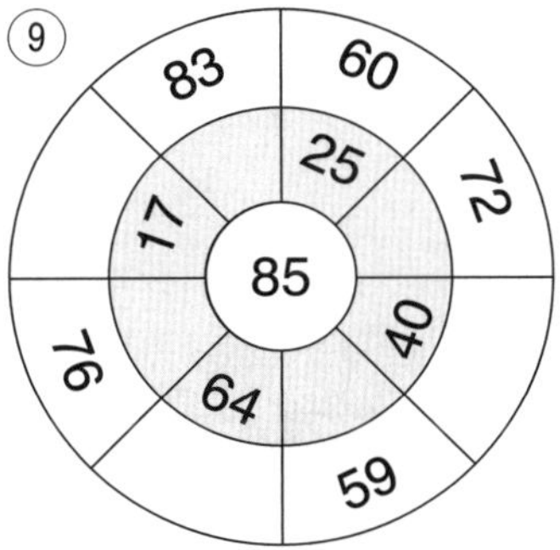

⑩

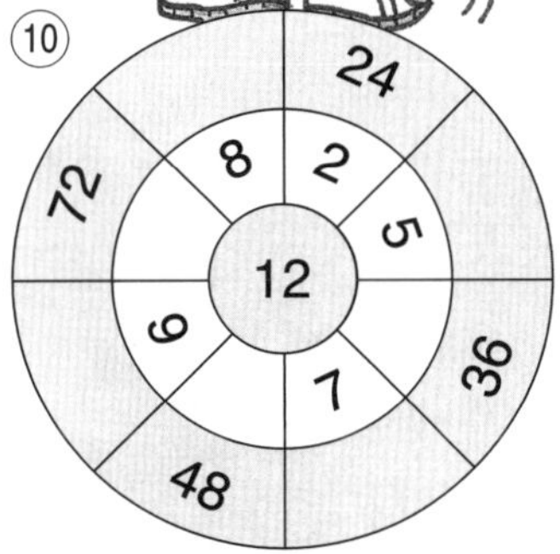

⑪

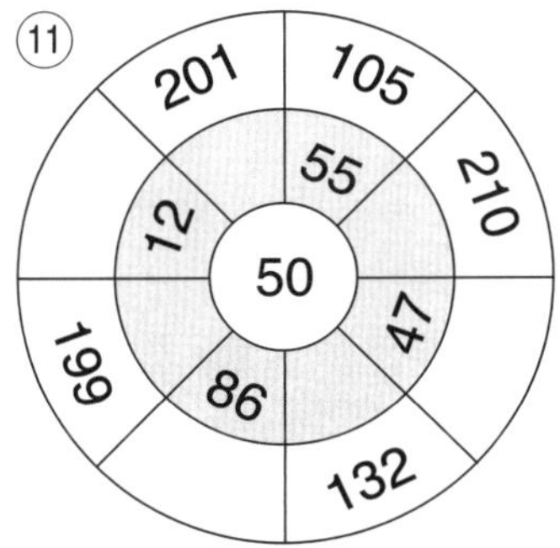

Finde den Lösungssatz. Trage beim die Lösungszahl ein.

R	A	I	D	N	E	S	W	M	T	H	V	B	F	O
4	5	6	8	40	60	80	110	165	176	198	396	539	704	891

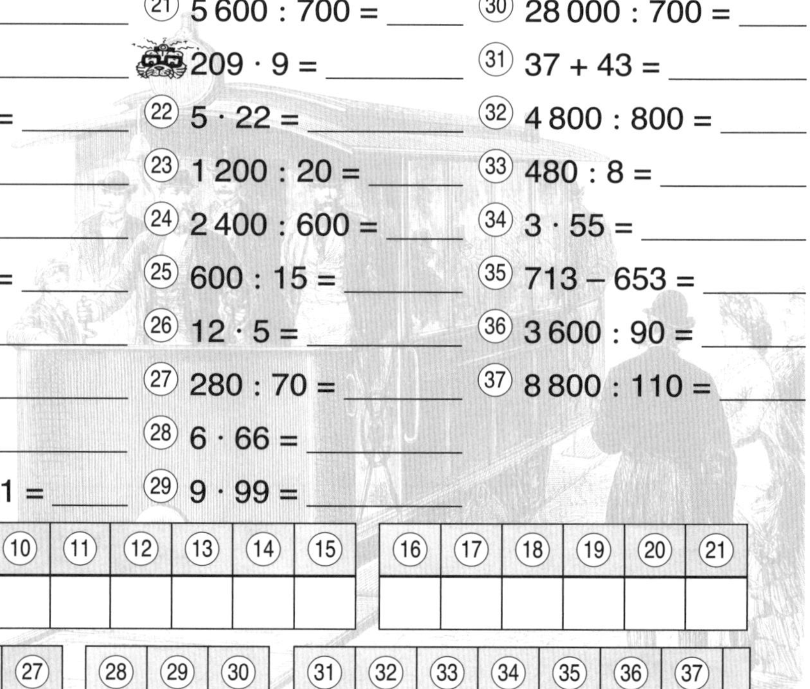

(1) 3 200 : 400 = ______
(2) 301 – 295 = ______
(3) 1 800 : 30 = ______
(4) 16 · 5 = ______
(5) 4 · 44 = ______
(6) 480 : 120 = ______
(7) 3 000 : 600 = ______
(8) 632 – 552 = ______
(9) 24 000 : 300 = ______
(10) 3 010 – 2 950 = ______

(11) 440 : 11 = ______
(12) 7 · 77 = ______
(13) 4 000 : 800 = ______
(14) 6 · 33 = ______
(15) 160 : 4 = ______
(16) 6 000 : 100 = ______
(17) 500 : 125 = ______
(18) 8 · 88 = ______
(19) 550 : 110 = ______
(20) 9 741 – 9 701 = ______

(21) 5 600 : 700 = ______
209 · 9 = ______
(22) 5 · 22 = ______
(23) 1 200 : 20 = ______
(24) 2 400 : 600 = ______
(25) 600 : 15 = ______
(26) 12 · 5 = ______
(27) 280 : 70 = ______
(28) 6 · 66 = ______
(29) 9 · 99 = ______

(30) 28 000 : 700 = ______
(31) 37 + 43 = ______
(32) 4 800 : 800 = ______
(33) 480 : 8 = ______
(34) 3 · 55 = ______
(35) 713 – 653 = ______
(36) 3 600 : 90 = ______
(37) 8 800 : 110 = ______

1	2	3

4	5	6	7	8	9	10	11	12	13	14	15

16	17	18	19	20	21

im Jahre

22	23	24	25	26	27

28	29	30

31	32	33	34	35	36	37	
							.

①

72 + ______ = 127

19 + ______ = 84

81 : ______ = 9

78 : ______ = 6

103 – ______ = 64

94 – ______ = 33

17 · ______ = 153

16 · ______ = 96

②

Immer 1 000					
	792		427		99
		654		241	

③

Immer 10 000					
		4 998		1 324	
	7 209		3 321		999

④

Immer 100 000					
	48 321		10 717		840
		35 686		9 604	

⑤

Immer 1 000 000					
		555 000		175 000	
	686 500		399 999		40 111

⑥

·	14
3	
6	
9	
2	
4	

⑦

·	43
8	
6	
5	
10	
7	

⑧

·	307
7	
3	
9	
5	
6	

⑨ Ordne die Rauminhalte zu.

300 l — Sprudelflasche ______

60 l — Gießkanne ______

10 l — Öltank ______

$\frac{3}{4}$ l — Regentonne ______

3 000 l — Milchflasche ______

1 l — Tankfüllung ______

① 3 0 6 8 4 · 7

② 8 9 1 5 3 · 4

⑤ 1 2 3 4 5 6 : 8 =

K:

③ 4 3 0 6 9 · 3 8

④ 2 9 7 8 0 · 6 2

⑥

+	8	70	460	5	40	730
5849						
2723						
8064						
1950						
4651						

⑦

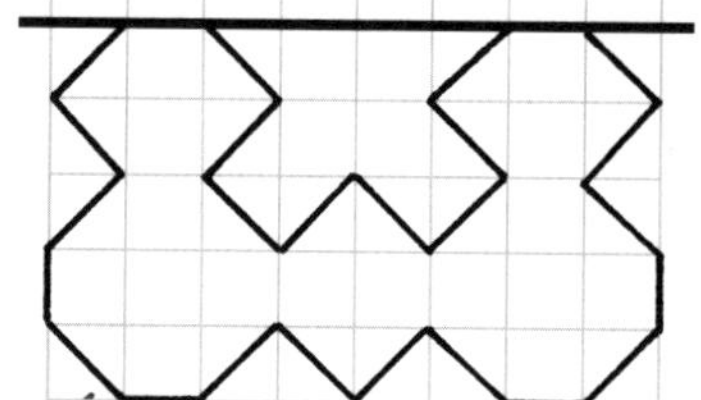

(1) Multipliziere 708 mit 523.

(2) Multipliziere 425 mit 804.

(3) Dividiere 65 583 durch 7.

(4) Addiere 62 849, 17 935 und 38 608.

(5) Subtrahiere 47 514 von 91 023.

(6) Streiche die falsche Zahl durch und schreibe die richtige in das graue Feld. Setze fort.

430 000, 432 500, 435 000, 436 500, 440 000, ______

967 000, 937 000, 917 000, 877 000, 847 000, ______

261 000, 275 000, 289 000, 303 000, 315 000, ______

① ____ : 16 = 3
____ : 13 = 8
____ : 18 = 4
____ : 12 = 5
____ : 19 = 7
____ : 14 = 9
____ : 19 = 6

② ____ · 60 = 420
____ · 40 = 360
____ · 70 = 350
____ · 30 = 210
____ · 80 = 480
____ · 50 = 250
____ · 90 = 720

③ 37 : 7 = ________ K: ______________
63 : 8 = ________ K: ______________
27 : 4 = ________ K: ______________
89 : 9 = ________ K: ______________
56 : 6 = ________ K: ______________
23 : 3 = ________ K: ______________
47 : 5 = ________ K: ______________

④
1 650 + 950 = ______
2 650 + 900 = ______
3 650 + 850 = ______
4 650 + 800 = ______

⑤
9 990 − 110 = ______
9 490 − 220 = ______
8 990 − 330 = ______
8 490 − 440 = ______

⑥

①

·	38	308	3080
2			
4			
8			
10			

③

②

:	50	25	500
500			
2500			
3000			
4500			

④ 3825 · 64

⑤

	5	7	2	0	1	3
–	2	9	0	4	3	5

⑥ 37000 + ________ = 100000

84500 + ________ = 100000

19000 + ________ = 100000

⑦ 480000 + ________ = 1000000

130000 + ________ = 1000000

790000 + ________ = 1000000

①

48 : ___ = 4
52 : ___ = 4
8 · ___ = 96
9 · ___ = 81
39 : ___ = 3
42 : ___ = 3
7 · ___ = 98

②

30 · ___ = 1800
70 · ___ = 560
40 · ___ = 1600
90 · ___ = 540
50 · ___ = 4500
80 · ___ = 640
60 · ___ = 4800

③

44 : ___ = 8 R 4 K: ___
23 : ___ = 7 R 2 K: ___
47 : ___ = 7 R 5 K: ___
62 : ___ = 8 R 6 K: ___
39 : ___ = 9 R 3 K: ___
47 : ___ = 6 R 5 K: ___
58 : ___ = 7 R 2 K: ___

④

Schreibe zu jedem Ergebnis drei verschiedene Multiplikationsaufgaben auf.

2700 = 900 · 3
2700 = ___
2700 = ___

8000 = ___
8000 = ___
8000 = ___

36000 = ___
36000 = ___
36000 = ___

18000 = ___
18000 = ___
18000 = ___

⑤

Schreibe zu jeder Zahl drei verschiedene Divisionsaufgaben auf.

4800 : ___ = ___
4800 : ___ = ___
4800 : ___ = ___

3000 : ___ = ___
3000 : ___ = ___
3000 : ___ = ___

64000 : ___ = ___
64000 : ___ = ___
64000 : ___ = ___

42000 : ___ = ___
42000 : ___ = ___
42000 : ___ = ___

①
3 · 7 = ______
6 · 7 = ______
3 · 14 = ______
6 · 14 = ______
3 · 28 = ______
6 · 28 = ______

②
8 · 30 = ______
16 · 30 = ______
32 · 30 = ______
64 · 30 = ______
128 · 30 = ______
256 · 30 = ______

③
4 · 18 = ______
8 · 18 = ______
16 · 18 = ______
4 · 36 = ______
8 · 36 = ______
16 · 36 = ______

④

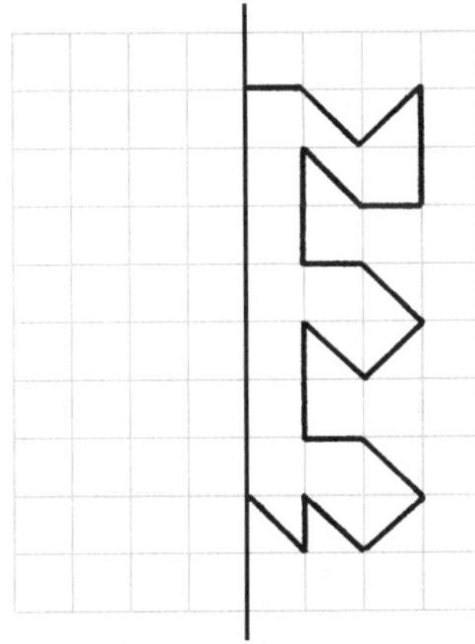

⑤
50 · 14 = ______
50 · 28 = ______
50 · 140 = ______
50 · 280 = ______

⑥
40 · 600 = ______
80 · 600 = ______
160 · 60 = ______
320 · 60 = ______

⑦
6 · 1 300 = ______
12 · 1 300 = ______
24 · 1 300 = ______
48 · 1 300 = ______

⑧
3 428 – 9 = ______
3 428 – 19 = ______
3 428 – 190 = ______
3 428 – 1 900 = ______
3 428 – 1 909 = ______

⑨
20 761 + 5 = ______
20 761 + 15 = ______
20 761 + 150 = ______
20 761 + 1 500 = ______
20 761 + 1 505 = ______

⑩
456 123 – 7 = ______
456 123 + 17 = ______
456 123 – 170 = ______
456 123 + 1 700 = ______
456 123 – 1 707 = ______

(1)

36 : 6 = ____

72 : 6 = ____

144 : 6 = ____

288 : 6 = ____

576 : 6 = ____

(2)

2400 : 8 = ____

4800 : 16 = ____

9600 : 32 = ____

19200 : 64 = ____

38400 : 128 = ____

(3)

3600 : 9 = ____

3600 : 18 = ____

3600 : 36 = ____

3600 : 72 = ____

3600 : 144 = ____

(4)

1400 : 7 = ____

2800 : 70 = ____

5600 : 700 = ____

11200 : 70 = ____

22400 : 7 = ____

(5) Das Fünfzehnfache von 4 ist ________.

Das Achtzehnfache von 7 ist ________.

Das Dreizehnfache von 9 ist ________.

Das Siebzehnfache von 5 ist ________.

(6) Das Dreißigfache von 12 ist ________.

Das Sechzigfache von 11 ist ________.

Das Neunzigfache von 15 ist ________.

Das Vierzigfache von 17 ist ________.

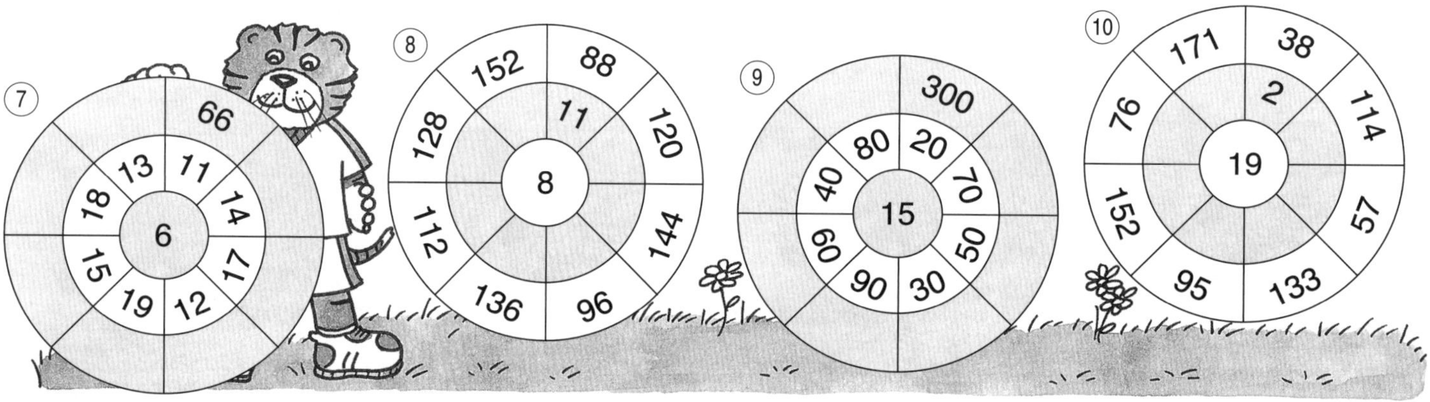

① Wie groß sind die Flächen? Löse die Aufgaben mit Multiplikationsaufgaben.

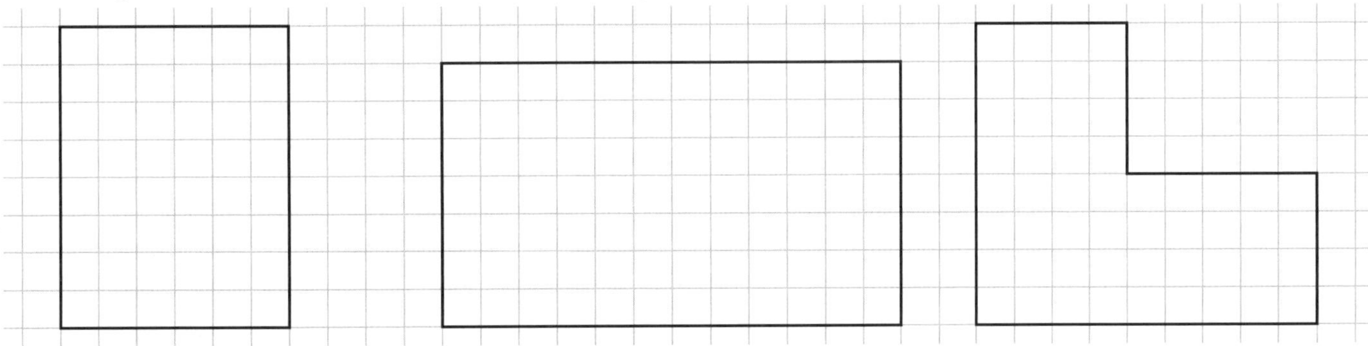

_______ Heftkästchen _______ Heftkästchen _______ Heftkästchen

_______ Zentimeterquadrate _______ Zentimeterquadrate _______ Zentimeterquadrate

Berechne den Benzinverbrauch.

②

Strecke	Verbrauch
100 km	
200 km	
150 km	15 l
340 km	
780 km	
120 km	
75 km	

Berechne die Reichweite.

③

Tankinhalt	Reichweite
24 l	300 km
	100 km
4 l	
	25 km
44 l	
38 l	
	125 km

④

Finde den Lösungssatz. Trage beim [Kiste] die Lösungszahl ein.

A	B	C	D	E	F	H	I	K	N	O	R	S	U
84	96	144	184	264	332	444	558	603	642	702	780	882	993

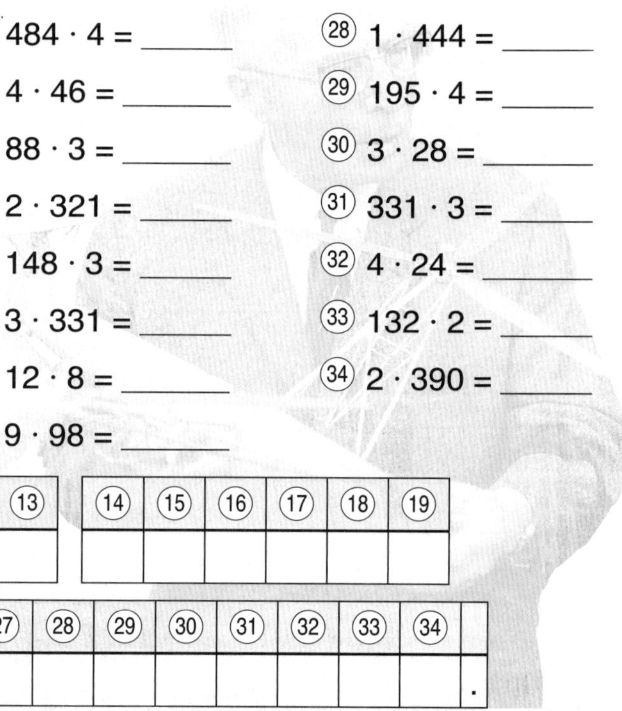

① $4 \cdot 111 =$ ______
② $33 \cdot 8 =$ ______
③ $6 \cdot 93 =$ ______
④ $214 \cdot 3 =$ ______
⑤ $6 \cdot 130 =$ ______
⑥ $62 \cdot 9 =$ ______
⑦ $12 \cdot 12 =$ ______
⑧ $74 \cdot 6 =$ ______
⑨ $4 \cdot 83 =$ ______
⑩ $78 \cdot 9 =$ ______
⑪ $3 \cdot 48 =$ ______
⑫ $67 \cdot 9 =$ ______
⑬ $4 \cdot 66 =$ ______
⑭ $44 \cdot 6 =$ ______
⑮ $3 \cdot 260 =$ ______
⑯ $166 \cdot 2 =$ ______
⑰ $6 \cdot 14 =$ ______
⑱ $107 \cdot 6 =$ ______
⑲ $8 \cdot 23 =$ ______
[Kiste] $484 \cdot 4 =$ ______
⑳ $4 \cdot 46 =$ ______
㉑ $88 \cdot 3 =$ ______
㉒ $2 \cdot 321 =$ ______
㉓ $148 \cdot 3 =$ ______
㉔ $3 \cdot 331 =$ ______
㉕ $12 \cdot 8 =$ ______
㉖ $9 \cdot 98 =$ ______
㉗ $24 \cdot 6 =$ ______
㉘ $1 \cdot 444 =$ ______
㉙ $195 \cdot 4 =$ ______
㉚ $3 \cdot 28 =$ ______
㉛ $331 \cdot 3 =$ ______
㉜ $4 \cdot 24 =$ ______
㉝ $132 \cdot 2 =$ ______
㉞ $2 \cdot 390 =$ ______

①	②	③	④	⑤	⑥	⑦	⑧

⑨	⑩	⑪	⑫	⑬

⑭	⑮	⑯	⑰	⑱	⑲

im Jahre 

⑳	㉑	㉒

㉓	㉔	㉕	㉖	㉗	㉘	㉙	㉚	㉛	㉜	㉝	㉞	
												.

①

	□	7	□	8
+	3	□	6	□
	9	6	9	2

②

	3	0	6	□
+	□	8	□	2
	7	□	2	1

③

	8	5	□	4
−	□	9	2	□
	4	□	5	3

④

	9	□	0	6
−	5	1	□	7
	□	1	1	□

⑤

4 3 5 □ 7 · 5

2 □ 7 □ 8 □

⑥

+	7	80	900	6000
573				
7994				
28087				
439720				

⑦

−	5	30	400	1100
1804				
3621				
61530				
900900				

Setze passende Zeichen ein: +, −, ·, :, =.

⑧ 4500 ◯ 50 ◯ 90

8 ◯ 700 ◯ 5600

600 ◯ 40 ◯ 80 ◯ 300

1800 ◯ 20 ◯ 5 ◯ 550 ◯ 1000

7 ◯ 400 ◯ 4 ◯ 200 ◯ 500

⑨ 63000 ◯ 70 ◯ 30 ◯ 30

600 ◯ 80 ◯ 2 ◯ 24000

800 ◯ 30 ◯ 4000 ◯ 7000 ◯ 4

44000 ◯ 6000 ◯ 65000 ◯ 15000

40000 ◯ 1000000 ◯ 50 ◯ 2

①

·	14
2	
8	
4	
6	
3	

②

·	15
3	
7	
5	
9	
1	

③

·	16
4	
6	
2	
8	
10	

④

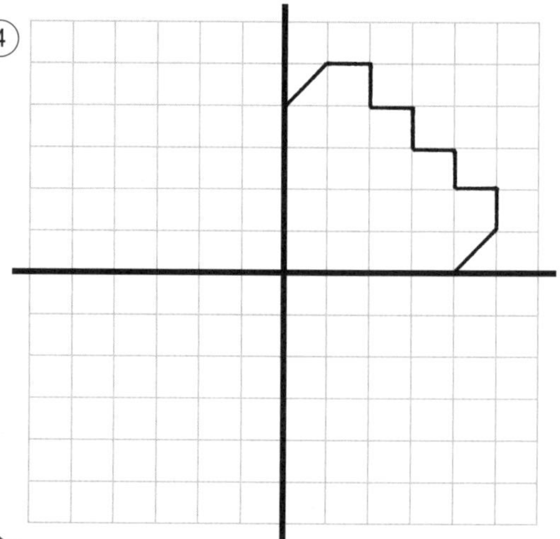

⑤ **Jetzt ist es 10.15 Uhr.**

In 2 h 40 min ist es _______ Uhr.

Vor $3\frac{1}{2}$ h war es _______ Uhr.

In 4 h 14 min ist es _______ Uhr.

Vor 7 h 35 min war es _______ Uhr.

Vor 13 h 20 min war es _______ Uhr.

In $1\frac{1}{2}$ Tagen ist es _______ Uhr.

⑥

_______ + 48 = 338

_______ – 29 = 519

_______ + 73 = 430

_______ – 64 = 646

_______ + 85 = 715

_______ – 56 = 824

①

:	14
42	
84	
126	
98	
70	

②

:	15
60	
105	
45	
120	
75	

③

:	16
64	
144	
80	
16	
112	

④

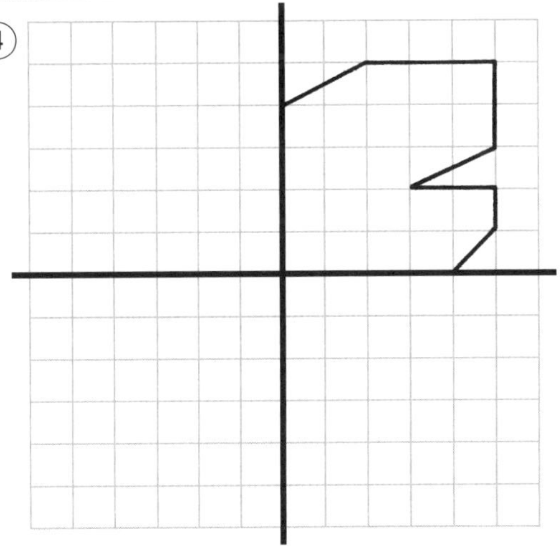

⑤ **Heute ist Freitag, der 6. Juni 2014.**

In 4 Tagen ist ______________________.

Vor 7 Tagen war ______________________.

In 12 Tagen ist ______________________.

Vor 3 Wochen war ______________________.

In 5 Wochen ist ______________________.

Vor 30 Tagen war ______________________.

⑥

______ : 23 = 6

______ · 16 = 48

______ : 41 = 7

______ · 15 = 135

______ : 64 = 8

______ · 14 = 70

(1) Multipliziere 639 mit 807.

(2) Subtrahiere 38 975 von 701 342.

(3)

100 000 – ________ = 41 500

100 000 – ________ = 25 800

(4)

1 000 000 – ________ = 392 000

1 000 000 – ________ = 58 500

(5)

85 631 – 160 = ________

85 631 – 1 600 = ________

(6)

Eintrittspreis	Personen
5 €	2
	3
15 €	
	18
27,50 €	
	51

(7)

____ : 12 = 8

____ : 16 = 5

____ : 19 = 7

____ : 14 = 6

(8)

____ · 90 = 540

____ · 70 = 280

____ · 16 = 80

____ · 18 = 90

(9)

18 min = ________ s

720 s = ________ min

$4\frac{1}{4}$ h = ________ min

330 min = ________ h

(10)

18.18 Uhr —3 h 23 min→ ________ Uhr —__ h __ min→ 3.30 Uhr

1

·	17
5	
9	
3	
0	
7	
4	

2

·	18
2	
6	
8	
1	
9	
5	

3

·	19
4	
9	
6	
10	
8	
3	

4

Anzahl	Preis
1 Computer	800 €
2 Computer	
4 Computer	
5 Computer	
7 Computer	
10 Computer	

5

Anzahl	Preis
1 Auto	
2 Autos	46 000 €
5 Autos	
8 Autos	
15 Autos	
20 Autos	

6

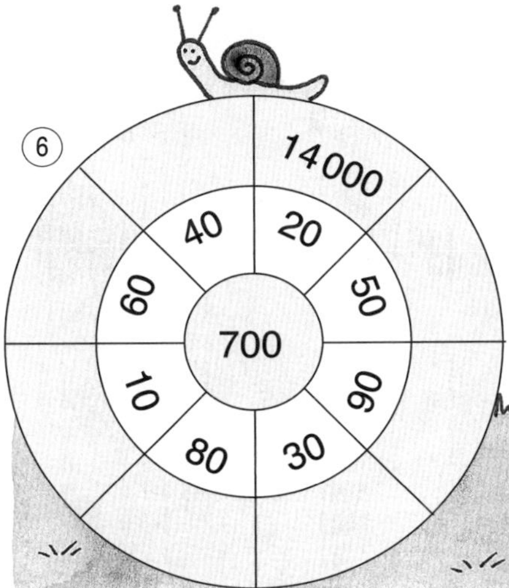

7

8

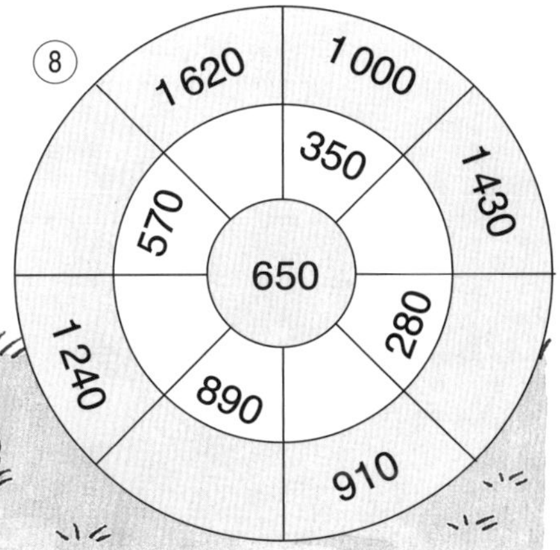

①

Kredit	10 000 €
Anzahl der Raten	24
Monatliche Rate	450 €
Gesamtbetrag	
Differenz	

②

Kredit	18 000 €
Anzahl der Raten	9
Monatliche Rate	
Gesamtbetrag	18 900 €
Differenz	

③

Kredit	20 000 €
Anzahl der Raten	
Monatliche Rate	600 €
Gesamtbetrag	
Differenz	4 000 €

④ Überprüfe mit den Teilbarkeitsregeln und kreuze an.

	teilbar durch 2	teilbar durch 3	teilbar durch 4	teilbar durch 5	teilbar durch 6	teilbar durch 9	teilbar durch 10
3 798	X						
4 644							
54 672							
81 945							
601 602							
953 571							
1 084 980							

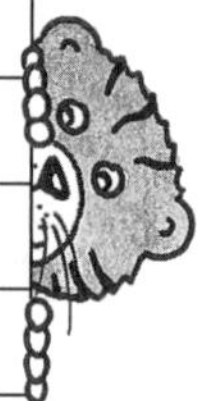

⑤

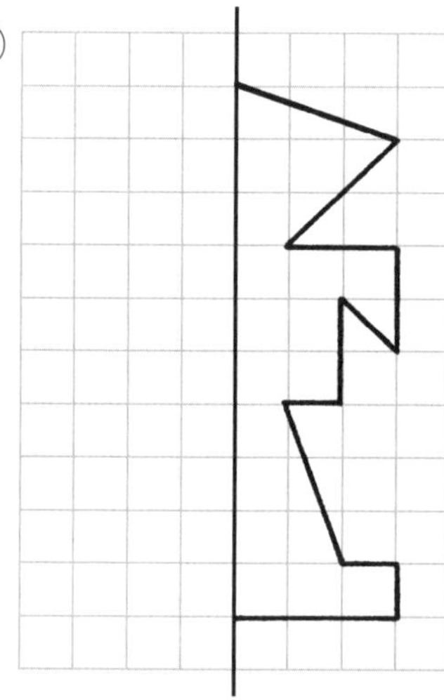

①
72 : ____ = 6
78 : ____ = 6
5 · ____ = 75
4 · ____ = 76
96 : ____ = 8
104 : ____ = 8
7 · ____ = 84
6 · ____ = 84

②
60 · ____ = 1 800
80 · ____ = 560
20 · ____ = 1 600
30 · ____ = 540
90 · ____ = 4 500
10 · ____ = 640
70 · ____ = 4 200
40 · ____ = 960

③
54 : ____ = 6 R 6 K: ____________
23 : ____ = 2 R 5 K: ____________
47 : ____ = 5 R 2 K: ____________
36 : ____ = 4 R 4 K: ____________
39 : ____ = 7 R 4 K: ____________
46 : ____ = 5 R 6 K: ____________
58 : ____ = 8 R 2 K: ____________
64 : ____ = 9 R 1 K: ____________

④

·		6	5	
			70	
16	64			
18				
		90		
17				119
19				

⑤

①	4080 + ______ = 4220	②	6570 – ______ = 6130
	7530 + ______ = 7870		2820 – ______ = 2280
	3460 + ______ = 3940		9640 – ______ = 9460
	8150 + ______ = 9030		1710 – ______ = 1390
	5690 + ______ = 6310		8230 – ______ = 7770

③	1063 + ______ = 1850	④	274 – ______ = 170
	3582 + ______ = 3690		2451 – ______ = 2180
	5748 + ______ = 5940		4639 – ______ = 4390
	7924 + ______ = 8480		6817 – ______ = 6710
	9106 + ______ = 9960		8003 – ______ = 7830

Setze ein: >, <, =.

⑤	347 + 240	◯	548 – 180	⑥	17 · 9	◯	18 · 4
	582 + 240	◯	993 – 170		16 · 6	◯	14 · 8
	860 – 356	◯	240 + 264		19 · 7	◯	15 · 9
	650 – 473	◯	180 + 329		13 · 2	◯	12 · 3

①
2 · 7 = ____
4 · 7 = ____
2 · 14 = ____
4 · 14 = ____
8 · 7 = ____

②
8 · 30 = ____
16 · 30 = ____
32 · 30 = ____
64 · 30 = ____
128 · 30 = ____

③
3 · 15 = ____
6 · 15 = ____
12 · 15 = ____
24 · 15 = ____
48 · 15 = ____

④
30 : 6 = ____
60 : 12 = ____
120 : 24 = ____
240 : 48 = ____
480 : 48 = ____

⑤
60 · 7 = ____
30 · 14 = ____
60 · 14 = ____
30 · 140 = ____
60 · 140 = ____

⑥
90 · 300 = ____
180 · 300 = ____
360 · 300 = ____
720 · 300 = ____
1 440 · 300 = ____

⑦
3 · 1 700 = ____
6 · 1 700 = ____
12 · 1 700 = ____
24 · 1 700 = ____
48 · 1 700 = ____

⑧
3 200 : 8 = ____
6 400 : 16 = ____
12 800 : 32 = ____
25 600 : 64 = ____
51 200 : 64 = ____

⑨
450 – 45 = ____
900 – 90 = ____
1 800 – 180 = ____
3 600 – 360 = ____
7 200 – 720 = ____

⑩
74 936 + 8 = ____
74 936 + 88 = ____
74 936 + 888 = ____
74 936 + 8 888 = ____
74 936 + 88 888 = ____

⑪
87 206 – 7 = ____
87 206 – 77 = ____
87 206 – 777 = ____
87 206 – 7 777 = ____
87 206 – 77 777 = ____

	→ : 4	25	→ · 20		→	40 000	→ + 20 000	
↓ · 30		↓ · 24		↓		↓		↓
	→ : 5		→	640	→	80	→	200
↓ · 20		↓ · 2		↓ – 40		↓ · 60		↓
	→ : 50		→ : 2		→		→ – 800	
↓ : 300		↓		↓ · 8		↓ – 4 000		↓
	→	1 600	→ · 3		→		→ · 50	
↓ · 70		↓		↓		↓		↓
	→	16 000	→	24 000	→ : 300		→ · 400	
↓ – 10 000		↓ : 40		↓		↓ · 300		↓ : 4
	→		→		→ · 6 000		→ : 3	

(1)

	6	7	2	5	4
	1	2	7	8	3
		4	9	6	3
+			8	0	9

(2)

	3	0	8	6	9
		7	5	1	4
	5	6	9	5	8
+		9	7	4	2

(3)

		2	9	1	3
	4	8	0	6	8
			9	9	9
+	5	6	8	2	7

(4)

	1	2	6	8	5	4	7
			9	0	0	6	5
		8	7	2	3	8	0
+				4	9	7	3

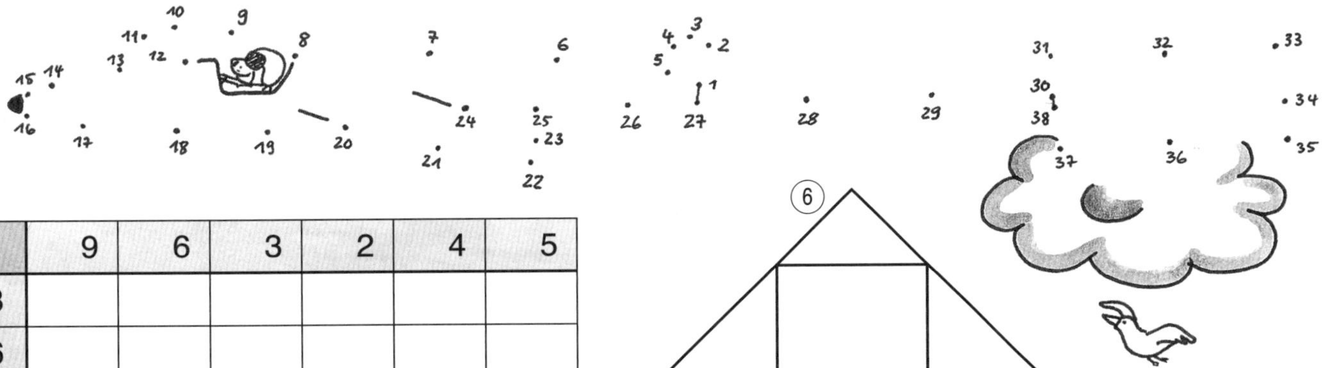

(5)

·	9	6	3	2	4	5
13						
16						
19						
14						
18						
15						
17						

(6)

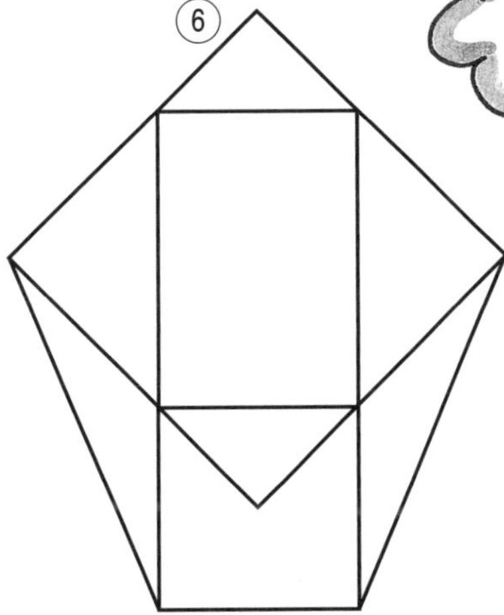

Ich sehe …

_____ Dreiecke

_____ Quadrate

_____ Rechtecke

Löse die Knobelaufgaben. Gleicher Buchstabe bedeutet gleiche Zahl.

① $a + b = c$
$c : a = d$
$c - d = d$
$a \cdot a = d$

② $x : y = y$
$z \cdot y \cdot z = x$
$x - y \cdot z = 2 \cdot y$
$z \cdot y + y \cdot z = x$

Finde den Fehler. Streiche durch und schreibe in der richtigen Schreibweise.

③ 2,500 kg = 2 kg 500 g = 2005 g = ____________

④ 4 m 8 cm = 4,80 m = 408 cm = ____________

⑤ $\frac{3}{4}$ l = 0 l 350 ml = 0,750 l = ____________

⑥ 10 km 20 m = 10020 m = 10,200 km = ____________

⑦ Schreibe zu jedem Ergebnis drei verschiedene Multiplikationsaufgaben auf.

96 = ____________ 8400 = ____________

96 = ____________ 8400 = ____________

96 = ____________ 8400 = ____________

⑧ Schreibe zu jeder Zahl drei verschiedene Divisionsaufgaben auf.

48 : _____ = _____ 5600 : _____ = _____

48 : _____ = _____ 5600 : _____ = _____

48 : _____ = _____ 5600 : _____ = _____

(1)

–	370		528	
650		460		
842				624

(2)

:	12			
60		15		
48			24	8

(3) Dividiere 317 482 durch 6.

K:

(4)

______ + 87 = 310

______ + 72 = 540

______ + 49 = 810

______ + 28 = 619

______ + 63 = 286

______ + 34 = 717

(5)

______ – 94 = 230

______ – 68 = 410

______ – 36 = 660

______ – 47 = 741

______ – 75 = 396

______ – 52 = 888

(6)

____ · 18 = 54

____ · 13 = 78

____ · 15 = 75

____ · 60 = 540

____ · 40 = 480

____ · 30 = 420

(7)

______ : 14 = 7

______ : 16 = 4

______ : 18 = 5

______ : 9 = 12

______ : 6 = 19

______ : 5 = 17

Finde den Lösungssatz. Trage beim [Kiste] die Lösungszahl ein.

A	C	D	E	F	K	M	N	O	P	R	S	T	U	Z
3	4	5	6	7	8	9	28	39	46	57	63	75	84	92

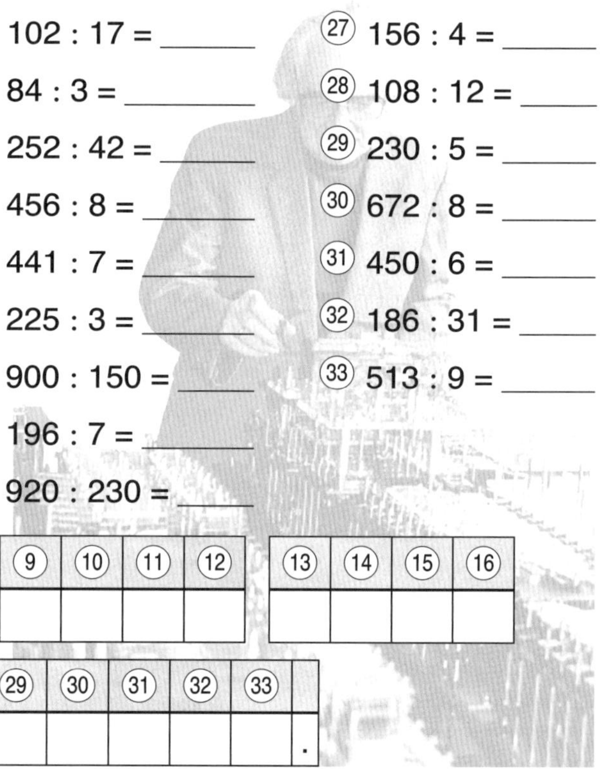

3882 : 2 = ______

① 4800 : 800 = ______

② 399 : 7 = ______

③ 84 : 12 = ______

④ 57 : 19 = ______

⑤ 140 : 5 = ______

⑥ 105 : 21 = ______

⑦ 176 : 22 = ______

⑧ 273 : 7 = ______

⑨ 252 : 9 = ______

⑩ 228 : 4 = ______

⑪ 510 : 170 = ______

⑫ 90 : 18 = ______

⑬ 460 : 5 = ______

⑭ 504 : 6 = ______

⑮ 504 : 8 = ______

⑯ 174 : 29 = ______

⑰ 95 : 19 = ______

⑱ 102 : 17 = ______

⑲ 84 : 3 = ______

⑳ 252 : 42 = ______

㉑ 456 : 8 = ______

㉒ 441 : 7 = ______

㉓ 225 : 3 = ______

㉔ 900 : 150 = ______

㉕ 196 : 7 = ______

㉖ 920 : 230 = ______

㉗ 156 : 4 = ______

㉘ 108 : 12 = ______

㉙ 230 : 5 = ______

㉚ 672 : 8 = ______

㉛ 450 : 6 = ______

㉜ 186 : 31 = ______

㉝ 513 : 9 = ______

Im Jahre [Kiste]

①	②	③	④	⑤	⑥

⑦	⑧	⑨	⑩	⑪	⑫

⑬	⑭	⑮	⑯

⑰	⑱	⑲

⑳	㉑	㉒	㉓	㉔	㉕

㉖	㉗	㉘	㉙	㉚	㉛	㉜	㉝	
								.

Wandle um.

(1) $\frac{1}{2}$ l = ______ ml = ______ l

(2) $\frac{1}{4}$ km = ______ m = ______ km

(3) $\frac{3}{4}$ t = ______ kg = ______ t

(4) $\frac{1}{8}$ kg = ______ g = ______ kg

(5) $\frac{1}{4}$ h = ______ min = ______ s

Verdopple.

(6) $\frac{1}{4}$ km ⟶ ______ km

(7) $\frac{3}{4}$ kg ⟶ ______ kg

(8) $1\frac{3}{4}$ l ⟶ ______ l

(9) $2\frac{1}{8}$ t ⟶ ______ t

(10) $5\frac{1}{4}$ h ⟶ ______ h

(11)

	8	2	1	4	3
–	5	3	0	9	7

(12)

	7	4	8	2	6
–		9	1	7	8

(13)

	6	3	0	1	5
–	5	8	9	6	2

(14)

	1	3	2	1	0	5	6
–		9	8	7	6	5	4

(15)

+	8	800	8008	8080
3702				
4290				
5127				
6888				

(16)

–	60	6000	55	5005
9565				
7480				
6914				
8555				

①

+	300	3 030	6 000	6 060	12 000	80 000
240 000						
1 800 000						

②

Streiche die falsche Zahl durch und schreibe die richtige in das graue Feld. Setze fort.

Regel: ______________

456 543, 457 553, 458 563, 459 573, 450 583, ________________________________

Regel: ______________

876 543, 856 343, 836 143, 816 943, 795 743, ________________________________

Regel: ______________

234 567, 259 576, 284 567, 309 567, 334 567, ________________________________

③

$\frac{1}{8}$ l + $\frac{1}{4}$ l = ____________ l

$\frac{1}{2}$ km + $\frac{1}{4}$ km = ____________ km

$\frac{3}{4}$ kg − $\frac{1}{2}$ kg = ____________ kg

$\frac{3}{4}$ t − $\frac{1}{8}$ t = ____________ t

④

Immer	752		2 398		4 775
8 000		808		3 001	

⑤

Immer	580		15 500		62 808
80 000		9 999		50 800	

(1)

$4\frac{1}{4}$ min = ______ s

$7\frac{3}{4}$ min = ______ s

$13\frac{1}{2}$ min = ______ s

20 min 23 s = ______ s

50 min 50 s = ______ s

(2)

240 s = ______ min

540 s = ______ min

1 020 s = ______ min

330 s = ______ min

615 s = ______ min

(3)

$6\frac{1}{2}$ h = ______ min

$9\frac{1}{4}$ h = ______ min

$4\frac{3}{4}$ h = ______ min

7 h 6 min = ______ min

15 h 19 min = ______ min

(4)

360 min = ______ h

780 min = ______ h

450 min = ______ h

75 min = ______ h

225 min = ______ h

(5)

			25 000
11 500		14 500	
12 000		9 500	35 000
	35 000	32 500	100 000

(6)

64 000	60 000	46 000	
			145 000
24 000	87 000		185 000
	190 000	175 000	

(7)

·	3	30	33
170			
230			
460			
710			

(8)

·	8	80	88
304			
501			
607			
905			

Rechne die fehlenden Angaben aus.

① 7.25 Uhr —(___ h ___ min)→ 12.27 Uhr —(___ h ___ min)→ 22.22 Uhr —(5 h 13 min)→ ______ Uhr

② ______ Uhr —(4 h 5 min)→ 9.03 Uhr —(6 h 59 min)→ ______ Uhr —(___ h ___ min)→ 2.10 Uhr

③

Ergänze zu $\frac{1}{4}$ h.	
10 min 30 s	
	8 min 15 s
3 min 48 s	
	14 min 4 s

④

Ergänze zu $\frac{3}{4}$ h.	
27 min	
	39 min
15 min 45 s	
	6 min 16 s

⑤

Ergänze zu 2 $\frac{1}{2}$ h.	
1 $\frac{3}{4}$ h	
	135 min
86 min 30 s	
	57 min 45 s

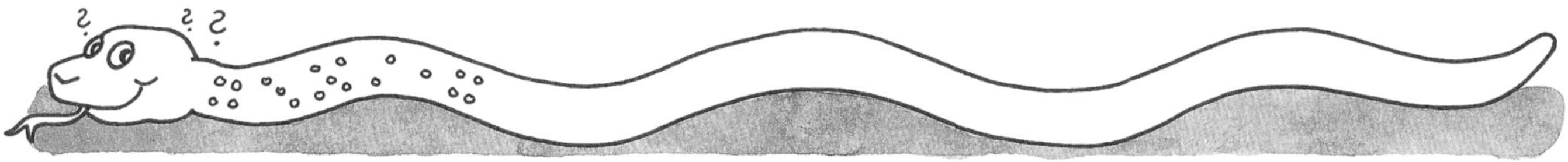

⑥
80 – 18 = _____
69 – 18 = _____
_____ – 18 = 40
_____ – 18 = 29

⑦
41 + 19 = _____
52 + 19 = _____
_____ + 19 = 82
_____ + 19 = 93

⑧
300 – 209 = _____
350 – 209 = _____
_____ – 209 = 191
_____ – 209 = 241

⑨
513 + 308 = _____
713 + 308 = _____
_____ + 308 = 1 221
_____ + 308 = 1 421

(1)

Abfahrt um	Fahrzeit	Ankunft um
14.10 Uhr	3 h 30 min	
8.25 Uhr	9 h 45 min	
11.30 Uhr		16.45 Uhr
18.50 Uhr		2.00 Uhr
	8 h 20 min	19.30 Uhr
	6 h 10 min	12.55 Uhr

(2) 1614 · 728

(3) 1752 · 963

Löse die Aufgaben durch Verdoppelungsaufgaben.

(4) **12 · 32**

3 · 8 =

6 · 8 =

12 · 8 =

12 · 16 =

12 · 32 =

(5) **14 · 28**

7 · 7 =

(6) **16 · 24**

2 · 6 =

(7) **18 · 36**

9 · 9 =

① Runde die Zahlen zum Zehntausender.

453 760 ≈ ________
625 000 ≈ ________
293 800 ≈ ________
1 391 000 ≈ ________
1 849 999 ≈ ________

② Runde die Zahlen zum Hunderttausender.

119 500 ≈ ________
765 999 ≈ ________
583 711 ≈ ________
1 803 760 ≈ ________
1 978 000 ≈ ________

③

+	8	308
3 829		
71 042		
85 371		
93 407		
103 026		
340 279		
518 294		

Setze die Rechenzeichen +, –, · oder : so ein, dass die Gleichungen stimmen.

④
28 ○ 4 = 4 ○ 8
40 ○ 5 = 73 ○ 65
2 ○ 2 = 16 ○ 4
51 ○ 46 = 2 ○ 3
6 ○ 4 = 80 ○ 8

⑤
4 ○ 4 ○ 4 = 5 ○ 5 ○ 5 ○ 5 ○ 5
16 ○ 8 ○ 8 = 4 ○ 2 ○ 2
2 ○ 2 ○ 2 = 3 ○ 3 ○ 3
5 ○ 5 = 10 ○ 10
8 ○ 8 ○ 8 = 10 ○ 6 ○ 4

⑥

:	4	10	300	9 000	20 000	60 000
180 000						
360 000						

Finde die Zahlen.

① Ich bin aus der Sechserreihe. Wenn du Einer und Zehner vertauschst, erhältst du wieder eine Zahl aus der Sechserreihe. Ich bin die _____.

② Ich bin kleiner als 50. Ich gehöre zur Neunerreihe, zur Viererreihe und zur Sechserreihe. Ich bin die _____.

③ Ich bin eine Fünferzahl. Wenn du mich durch 7 teilst, bleibt der Rest 2. Ich bin die _____.

④ In jedem Kasten passt eine Zahl nicht. Streiche sie durch.

26 20 28 2
19 12 10 4

32 40 48 54
24 16 72 64

24 60 74 12
48 84 36 96

⑤

·	13	15	17	19
30				
50				
70				
90				

⑥

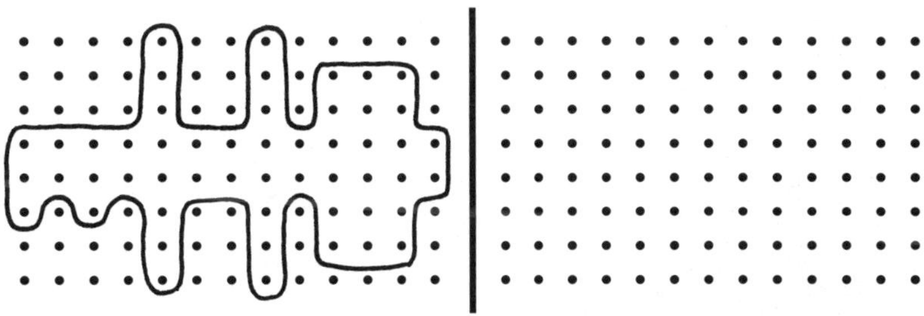

① 6 8 7 6 : 1 8 =

K:

② 9 6 9 8 : 1 3 =

K:

③ Setze ein: >, <, =.

736 – 340 ◯ 235 + 195

370 + 283 ◯ 920 – 362

615 – 471 ◯ 18 · 8

540 : 6 ◯ 47 + 56

④

		□	4	7	9
			7	□	3
		5	6	1	8
+			9	6	□
	□	0	□	4	4

⑤

	7	0	□	1	□
–	4	□	5	□	4
	□	1	7	4	8

⑥

Immer 70000			
	46000		55500
		31800	

⑦

Immer 900000			
	760000		89400
		182000	

⑧ 4 · 83 = ______

7 · 59 = ______

⑨ ______ : 17 = 8

______ : 19 = 6

⑩ 6 · ______ = 2400

3 · ______ = 5100

⑪ 360000 : 900 = ______

490000 : 70 = ______

Finde die Zahlen.

① Ich bin aus der Viererreihe. Meine Quersumme ist 5.
Ich bin die ______.

② Ich gehöre zur Zehnerreihe. Wenn du eins subtrahierst erhältst du eine Zahl mit gleichen Ziffern.
Ich bin die ______.

③ Ich habe zwei gleiche Ziffern. Wenn du mich durch 9 teilst, bleibt der Rest 1.
Ich bin die ______.

④ Wie oft findest du die einzelnen Körperformen? Fülle die Tabelle aus und male die gleichen Körper in der gleichen Farbe an.

Kugel	Würfel	Quader	Zylinder

⑤ Nimm aus jedem Kasten eine Zahl und bilde eine Rechnung.

______ ______ ______
______ ______ ______
______ ______ ______

⑥

Die Hälfte		9600		
Zahl	17700			19998
Das Doppelte			23500	

①

6 020 + 345 = ______

2 800 + 781 = ______

4 900 + 254 = ______

8 600 + 563 = ______

②

5 168 + 180 = ______

7 243 + 270 = ______

3 876 + 350 = ______

7 904 + 190 = ______

③

5 020 – 73 = ______

8 130 – 64 = ______

6 480 – 91 = ______

4 020 – 49 = ______

④

6 120 – 408 = ______

9 430 – 712 = ______

7 600 – 546 = ______

5 870 – 373 = ______

⑤ Multipliziere 1 473 mit 968.

⑥ Multipliziere 603 mit 541.

⑦ Dividiere 5 347 durch 8.

⑧ Addiere 803 657, 65 294 und 7 896.

⑨ Subtrahiere 895 426 von 1 041 208.

⑩ Subtrahiere 607 080 von 1 000 000.

① Wende die Rechengesetze an.

83 – 56 : 7 = ____________________

24 + 6 · 90 = ____________________

4 · (67 – 52) = ____________________

(187 + 163) : 5 = ____________________

42 : (43 – 36) + 5 · (47 + 53) = ____________________

92 – 4 · 8 + 24 : 6 + 54 : 9 = ____________________

②

:	17
34	
102	
136	
51	
170	
85	

③

:	18
54	
90	
126	
72	
162	
108	

④

:	19
38	
76	
152	
19	
57	
114	

⑤

2 0 6 1 4 2 : 8 =

K:

⑥

12 500		11 500	33 000
	13 000	14 000	40 000
		7 000	
	31 000		100 000

⑦

65 000	50 000	55 000	
45 000		40 000	
	35 000		180 000
180 000	150 000		

① Setze die fehlenden Zahlen ein.

a	b	c	a · b	a · b + c	a · b – c
3	6	5			
	7	9	28		
4		6		38	
	5	10	45		
9	7				60

②

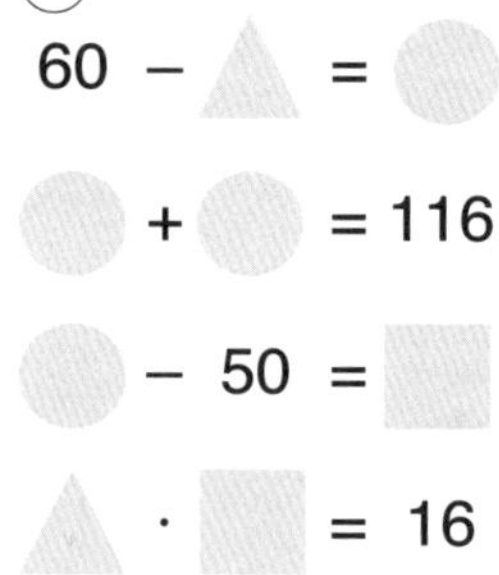

③

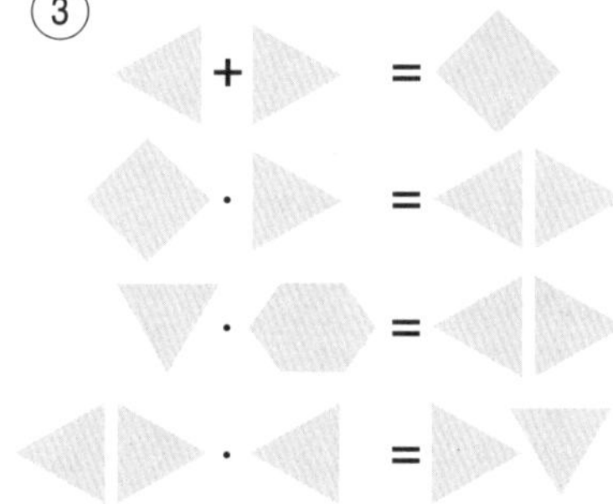

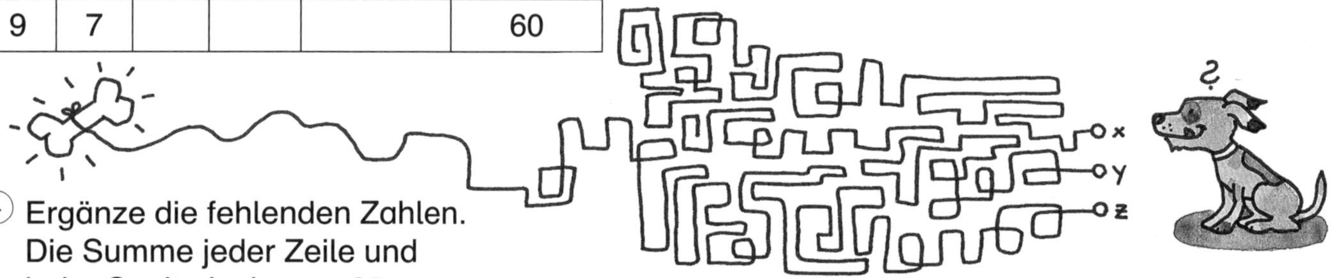

④ Ergänze die fehlenden Zahlen.
Die Summe jeder Zeile und
jeder Spalte ist immer 65.

11		15	20	3
4	12			16
5		13	21	
	18	1		22
23		19		15

⑤ Kreuzzahlrätsel

■	A	B		■
C			■	F
	■	E	G	
D		■	H	

waagrecht

A 426 – 297

C 7 · 34

D 560 : 7

E 8 · 36

H 207 : 9

senkrecht

A 78 : 6

B 134 + 148

C 12 · 19

F 407 + 376

G 748 – 666